吕乃基精华十讲

吕乃基　著

东南大学出版社
·南京·

图书在版编目(CIP)数据

吕乃基精华十讲/吕乃基著．—南京：东南大学出版社，2014.7

ISBN 978-7-5641-4940-6

Ⅰ.①吕… Ⅱ.①吕… Ⅲ.①技术哲学—研究 Ⅳ.①N02

中国版本图书馆 CIP 数据核字(2014)第 099529 号

吕乃基精华十讲

出版发行	东南大学出版社
社　　址	南京市四牌楼 2 号　邮编：210096
出 版 人	江建中
网　　址	http://www.seupress.com
电子邮箱	press@seupress.com
经　　销	全国各地新华书店
印　　刷	江苏凤凰扬州鑫华印刷有限公司
版　　次	2014 年 7 月第 1 版
印　　次	2014 年 7 月第 1 次印刷
书　　号	ISBN 978-7-5641-4940-6
开　　本	787 mm×1 092 mm　1/16
印　　张	13.5
字　　数	263 千
定　　价	32.00 元

本社图书若有印装质量问题，请直接与营销部联系。电话(传真)：025-83791830

自　序

1968年参加工作,1969年开始教师生涯,1981年登上高校讲台,2012年秋退休,从教43年,其中在高校教学31年。43年,或31年,带着巨大的惯性,在2012年戛然而止,让我在退休后欲罢不能。这又有点类似当前中国的产能过剩。本来作为世界工厂,多年来在全球产业链中谋得一席之地,金融危机,一夜之间,全球产业链瓦解,强大的产能突然失去耦合的对象。所谓"精华十讲"就是"教能过剩"的产物。

"精华十讲"的另一个冲动是,本世纪初,笔者进入知识论领域,发现这是一个知识的宝库。回过头来,以知识论视野去审视以往涉及的领域,有焕然一新和浑然一体之感,同时也开拓了新的疆域。遗憾的是,在稍有所悟之时,便"迎来了"退休的时刻。"大家好,才是真的好",知识只有共享才有价值。自己退休也就罢了,看着这些刚从洞穴中捡取的珠宝,有些甚至从未面世随即便要与笔者一起退休,实在是心有不甘。

这些年除了在校内从事教学和学术研究外,也应邀面向各级干部和大中小企业在社会上作了200余场讲座,内容更加贴近社会、贴近现实,涉及金融危机和中国社会转型,这些内容平素难得与师生和读者见面和交流,这就是一次机会。

再一项动机在于笔者对自己的"促逼"。笔者一直想对自己的学术思想、学术资源、思维方式之优劣,乃至人生道路做一梳理和小结,"以利再战"。然而现实生活中的情况是,上课、科研、论文、课题、带研究生,一环紧扣一环,直让人没有喘息的时间,在现行体制所限定的崎岖山路(不是马克思的原意)上奋力攀爬,且不说还有生活的重压,没有时间"思考一下人生"。现在好了,不用攀爬,肩上也没有多大担子,可以"等一等你的灵魂"。不过,由此也就产生了新的问题:没有压力,不必"再战",又何必自找麻烦,自己与自己过不去? 于是,列为十讲之一,最后一讲,迫使自己认真梳理和总结。

遂有"十讲"。

高校从教的第一门课就是"自然辩证法",后来虽断断续续,也算是延续至今,后来学术的扩展和深化都源于此。"十讲"之首篇"自然和自然界——人类生存和演化的共同基础和出发点”就是“自然辩证法”中“自然观”的积淀和浓缩。其核心内容和观点是:其一,量子阶梯中的上向和下向因果关系,以及这种关系中所隐含的时间含义;其二,沿量子阶梯上升所发生的规律性变化;其三,演化与存在的关系,自然与自然界的关系。从本体的角度考察自然和自然界及由此得到的结论,成为笔者全部学术研究的出发点和基础。

第二讲“认识过程的‘V’型曲线马克思的‘两条道路’”,一方面可以追溯到“自然辩证法”的“方法论”,另一方面用马克思“两条道路”的思想对各种传统方法作了梳理和提升。马克思的“两条道路”不仅其本身可以衍生出学术成果,而且也是作者用于审视其他领域的重要的学术资源。最后联系到笔者在这一领域的最近的思考:“道”与两条道路的关系。

第三讲是“人工自然的存在方式和演化方式”。探讨人工自然和人工自然界是“自然观”的必然发展,也是研究由自然延伸到人类社会的必要一环,因为人工自然才是“人类学意义”的自然界(马克思)。一方面可以沿袭自然观中的概念体系和思路,另一方面也得出新的概念和结论,如“科技黑箱”和人工自然否定之否定的发展路径,以及“技术之树”。从比尔·盖茨到乔布斯,他们的发明都可以在技术之树上找到相应的位置,由此也就在很大程度上确定了一项技术在知识链上的位置,及其创新的源泉和利润的来源。这一讲的最后涉及一个有趣的话题:技术和人,在漫长的演化道路上谁踩着谁的肩膀?

一至三讲主要基于“自然辩证法”,是“自然辩证法”的延伸、扩展和深入。

四至七讲是出于上述的第二个冲动,把笔者在“世界 3”(波普尔)的洞穴中发现的宝藏展示给读者。其实,如果说第一讲主要涉及世界 1,第二讲涉及世界 2,第三讲其实已经进入世界 3(有学者将其归为世界 4)了。

第四讲“知识之树与知识阶梯”,先说明为什么要进入世界 3,然后讲怎样进入世界 3。借鉴自然观中由存在到演化的思路,从本体论视角理解知识,提出“非嵌入编码知识”的概念,以此考察知识之树和知识阶梯,再联系“系统发育和个体发育”的关系,最后上升到历史与逻辑的高度。这些探索有助于厘清一些学术上的困惑。在某种意义上,阿尔卑斯山里小姑娘的直觉比学者更接近现实和人性。

第五讲“知识与权力——现代性与现代化”,在分析和比较了各种知识的权力后,特别考察了两个重大案例:科技知识与传统文化的权力之争,以及科技知识与人文文化的权力之争。前者通往“意识形态终结”,笔者由熵与全球化的关系切入;后者涉及东西方文化的冲撞与可能的融合。随着科技知识的发展还会发生权力的变化——涨落与均衡。

第六讲是“三个世界的关系——本体论的视角”。在分别述及三个世界之后，有必要建立它们之间的关系。其实，一部哲学史从来没有离开过这一主题，不过主要限于世界1和世界2，以及主要是在认识领域的讨论。笔者的讨论涉及三个世界，以及是在本体论视角，正是这一视角的转换，在世界3得出知识阶梯中的上向和下向因果关系，得出知识层次由低到高所发生的松散性、实践性和主观性、全息性。波普尔声称，人“通过知识获得解放”，因而世界3沿着知识阶梯上升也就是世界2即人自身的生成过程，知识间的关系映射出人际关系。反过来，人也随着知识的降序而降阶。在上述讨论的基础上，让·鲍德里亚抽象的符号政治经济学也就变得清晰起来。三个世界的关系经历了“合一分一合”的过程。在某种意义上，物联网是否可以认为是行进在三个世界由分到合的道路上？

相对而言，第六讲是逻辑，第七讲是历史。这里的次序似乎违背历史第一性，逻辑第二性；不过，此处的第一性和第二性的次序是位于认识过程的“第一条道路”，在“第二条道路”上，在向读者作介绍时，次序必然颠倒过来，讲清原理，然后由此解释现实。这就是第七讲“两种文化边界的推移”。斯诺的“两种文化”为人所熟知，学界也在微观意义上探讨两种文化在边界上的相互作用，云云。不过，这里所涉及的是两种文化的边界在宏观上的推移：在大物理学主义、经济学帝国主义、数学的“皇冠”，以及蔓延至全世界的市场经济，均可见科学文化由下而上的推进。然而另一方面，在上述推进过程的每一步同样均可见到人文文化对科学文化的引导，见到在两种文化的融合中新文化的建构。由此可见，两种文化的关系不过是世界1和世界3的上向和下向因果关系在世界2的映射。在两种文化边界的推移中，留在身后的完全不是如某些人文主义者所以为的，被科学文化的战车所碾过的废墟，而是两种文化的结晶；在边界的前面，也不是科学文化对人文文化的促逼，而是两种文化边界的推移所带来的解蔽，在人类的面前展现了前所未知的世界。说到底，两种文化边界的推移，就是世界2，个体与社会的生成。与此同时，两种文化的边界也日益变得细碎和模糊。

如果说前七讲偏向于学术，兼及公众，那么八、九两讲主要面向公众，当然也有其学理基础。第八讲“诚信缺失的文化根源”，其缘由是给研究生讲科研道德。笔者历来不屑于国内的“伦理道德”，无论是学术研究还是通常的社会舆论，以为是说教和不合时宜；毫无疑问，这是错误或至少是片面的认识。轮到自己来做，迫到头上，沉下心来，发现其中同样是知识的富矿。“偏见比无知离真理更远”，诚者斯言！

文化热，传统文化，中西文化，还有前面说到的“两种文化”，不一而足；反思也好，比较也好，可谓汗牛充栋。笔者以为，有必要抓住几个关节点以提纲挈领。关键之一是对“人之初”之“性”的原初设定。“性本善”还是“性本恶”本身就至关重要，问题还在于这样的原初设定如同欧几里得几何学的公理，由此可以推演出一个民族的价值取向和国家的基本体制。关键之二是一个民族的生活方式中处于主导地位的方面。笔者借用梁漱溟关于人的“三大关系”，结合博弈论基本原理，提出人的“三大博弈”。西方文化、中国文化、印度文化，分别以与自然博弈、与他人博弈，以及与自身博弈为主。三大博弈铸就了三种品格，铸就了文化的“三种路向”。科学家在与自然博弈的过程中铸就了“原善”，“头顶的星空”或许就是这样通往“心中的道德律”。原善是人之为人的“始基”和“本原”。中国文化以与他人博弈为主，其特点是一次性博弈和无限规则。“性本善”的原初设定再加上与他人博弈的生活方式，成为当代中国诚信缺失的文化根源。既然如此，何以在古代漫长的岁月，中国非但没有如今日之诚信缺失，正相反，中国而且是“礼仪之邦”？主要原因当在于自然经济，人与人之间没有或较少发生为“五斗米”而博弈。在当代中国转向市场经济之际，传统的伦理道德难以奏效，又缺少刚性的制度和法律防止人性堕落，潜伏的文化基因在适宜的条件下“显性化”。其实，亚当·斯密，作为市场经济理论的提出者，早就阐明，市场经济的重复博弈和有限规则必然导致守信。需要做的只是让市场经济发挥“决定性”作用，这正是三中全会《决定》的最亮点。

对于第九讲“改革开放的三个阶段和正在开始的第四阶段”，是否要收入本书，笔者有过犹豫。相对而言，前面各讲都是学术研究，即使第八讲，关于传统文化的分析依然有学理基础，因而经得起历史沧桑。但是这一讲，尤其是“正在开始的第四阶段”，接下来就会是“已经展开”、“深入”，转眼就是《决定》所确定的2020年。不是吗，笔者讲演之时是2012年冬，短短一年时间，有了多大变化！不过，犹豫的结果是，依然放在其中，这是基于以下几点考虑：其一，秉承前述八、九两讲的动机。其二，从整体上看，由第一到第九讲，有一个从抽象到具体、自然到社会的序列。如果止于第八讲而没有这第九讲，会显得单薄和不完整。其三，第九讲依然有学术上的成果，也就是所谓“两种转型”，以及学理基础——文艺复兴运动的两个阶段。其四，虽然前三个阶段过去不久，但毕竟可以站在相对客观的立场上“回望”。最后，第四阶段既然在“进行中”，那么第九讲也就是直接融入到这一过程中，成为第四阶段的组成部分，参与到建构之中，这也成为笔者的一个意愿。

最后是“认识我自己”。“认识你自己”，这是刻在德尔斐的阿波罗神庙的三句箴言之一，历来被认为是世上最难之事。“离每个人最远的，就是他自己”（尼采）。笔者没有这样全面解剖的能力，同时也为与本书的学术宗旨相一致，因而只是着重从学术的角度剖析。先简单介绍走过的路。一个人走过的路就是自我的建构过程，现在的我就是历史的积淀。对于主要从事学术研究的笔者来说，这样的剖析大致在三个部分，首先是本体论，这一点应该与笔者本科的理科背景有关。一切从事实和规律出发，这是笔者科研生涯最重要的一点。本体论遵循“真、善、美”的次序以及存在与演化两个维度。其次是认识论与方法论。第二讲专门谈到了“两条道路”。在研究中保持思维的松弛与紧绷至关重要。紧绷，就是脑中有资本，心中有霸权，这样才能保持自我；松弛，意味着可以随意调集自己知识库中的内存，进而对外开放和流动，随时准备汲取新的不同的观点，在内外之间碰撞，促进联想与逆向思维。音乐的旋律与节奏往往能架起知识之间的桥梁。

有了本体论，以及认识论和方法论，在十讲的最后顺理成章，也是理所应当该说一下价值观。虽然有独特的人生道路限定，但在某一时期还是有大量可供选择的题目可以做：为什么选择了这些，而不是那些？那就是笔者对中国当下和未来趋势的关注。通览世界各国，鲜有如中国者，国家的道路与个人的命运如此紧密捆绑在一起。虽然经常持批判立场，但却是真诚祝愿祖国强盛。实际上，正是这样的强烈愿望，让笔者时常看到现实中不足的一面。新意，是笔者学术生涯价值观上的另一项追求。以价值观引导研究，以本体论和认识论为批判和新意奠基，这就是笔者对自己学术生涯的总结。

至于业余爱好，那就是音乐和旅游……

遂有上述十讲。所谓“精华”，只是笔者自己的感受，不过确是笔者 31 年耕耘的积淀和浓缩，是笔者走过的人生道路的积淀和浓缩。

十讲，始于科技哲学，终于社会和人生，展示科技哲学学科和从业者广阔的发展空间，同时也展示了科技哲学在理解社会和思考人生上的独特以及基础的作用。

“讲座”与专著的不同之处众所周知，这里就不去多说了。笔者只是希望，读者既能够呼应讲演录中口语化和贴近生活的言辞和实例，又可以发现其背后的学理和逻辑，进而能参与每一讲最后笔者与听众的互动问答。遗憾的是，个别讲演因当时时间关系而未安排提问。

笔者虽已退休，但在退休的队伍中却是“年富力强”。若有需要，愿意就这十讲中的一讲、多讲、全部，以及其他相关领域在全国各地与各类听众和读者交流。来日方长，笔者对未来的人生怀有与年轻时同样多的期待。

“我每历若干时候，趣味转过新方面，便觉得像换个新生命，如朝旭升天，如新荷出水”，这是梁启超家书中的一段文字。未敢与梁公相提并论。回顾走过的路，展望未来之路，这番话仿佛也是自己的写照。

目 录

一、自然和自然界

二、认识论与方法论

三、技 术 哲 学

四、STS(科技与社会)

五、认识我自己

一、自然和自然界

第一讲　自然和自然界

——人类生存和演化的共同基础和出发点

（潘锡杨整理）

一、自然界的存在方式

1. 层次和层次间的关系

首先介绍一下量子阶梯（见图 1-1）。自然界中的大部分物质都可以放在这个阶梯上。阶梯上还有三个问号，三个问号就是现在不清楚的地方。万物的起源、生命的起源和意识的起源，这三大起源是当代科学发展的三个前沿。不过，自然界中还有一些东西没有放在量子阶梯上，或者说量子阶梯还没有能够容纳这些东西。它们是什么呢？后面将再谈这个问题。

什么叫层次？这里由三个角度给它定义。第一，从时间的角度，就是逐级构成的结构关系。这个层次，是一种由下而上的构成关系，跟当代中国省部级、厅局级、县团处级不一样，它是自上而下，一步一步任命下来的。第二，从信息的角度，每一个层次，它的组织化程度和信息量不一样。第三，从集合论的角度，在同一层次上的物质系统，具有相近的结构和功能，把它们放在一块就是一个层次。可以从这样的三个方面来理解层次。

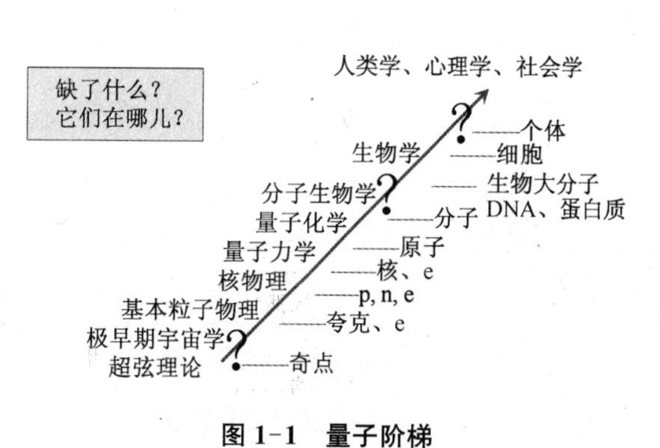

图 1-1　量子阶梯

这里还要提及张华夏老师所说的上向因果关系和下向因果关系，通常所理解的上、下向因果关系主要是从空间上谈。实际上，上向因果关系是生成的关系，历史决定的关系；而下向因果关系，实际上是现在对过去，结果对原因的作用。一定要注意，量子阶梯不仅仅是一个空间上的组成与被组成的关系，或者层次高低的关系，更重要一点是，量子阶梯是一个生成的过程，逐级生成的过程。所以量子阶梯要从演化的角度来理解。一旦认识到量子阶梯背后的时间，那么上向因果关系就是历史决定论。是过去对现在，对未来的决定性作用。反过来，下向因果关系，提示了现在对过去，结果对原因的作用。我们举个例子，比如说在一个原子中有一些量子数，规定了电子的特性和运动方式，一个自由电子进入了原子之后它就不再是自由的了，受到高层次物质对它的制约。这种制约既可以从空间上说，是高层次对低层次的制约，同时也可以从时间上说，是现在对过去的影响。所以上向因果关系和下向因果关系不仅仅是空间上的"上"与"下"，而且是历史上"过去"和"现在"的关系。

亚里士多德的自然哲学有这样一句话：自然和人类的技艺一样，是为了一个"未来的、然而在存在的次序上却是在先的善所吸引的有目的的存在"。这句话拗口到这样的程度，以至于我们说什么叫做哲学，你翻开一本书，每一个字都认识的，合起来却不知道在说什么东西，这就叫哲学。看来这就是哲学。譬如说要做一个房子，这个房子虽然还没有做出来，但是在我们的头脑中，在我们的心目中已经存在了，它是一个目的，它是一个善，它是未来的，但是在存在的次序上却是"在先的"。自然与人类的技艺是一样的。

但是这句话只说明了自然界一半的真理。能够把另一半说清楚吗？有另一半吗？什么是另一半？它的另一半大概是这样的：自然与一切存在物一样，是出于一个已有的，然而在存在的次序上却是在后的源泉（也就是第一因）所导致的有原因的存在。这就是它的另一半。亚里士多德的话就是下向因果关系。我后加的话就是上向因果关系。前者是目的引导，后者是历史决定，自然界是这两方面的结合。亚里士多德作为古希腊的自然哲学家，怀有非常深刻的目的论的观点，他是"这一半"，至于牛顿大概就是"另一半"。这两句话合起来，就是上向因果关系和下向因果关系。

2. 由低层到高层的规律性变化

第一，从物质结构的角度来理解。在量子阶梯上，由低层到高层，越是高层，它的结构就越是复杂，流动性越高。从两个角度来理解：前面半句从空间角度理解；后面半句则是从时间角度理解。时间和空间，始终是我学术研究中两个重要的维度，通常都要从这两个角度来理解。从空间来看，层次越高越是复杂，对称性破缺。譬如，氢原子，中间是核，外面一个电子，整个氢原子中心对称、轴对称、平面对称，所有的全都是对称的；氢分子，它的对称性下降了；水分子的对称性又进一步下降。层次越是升高，对称性越是下降。细胞还有对称性吗？没有对称性。所以对称性越高，相对来说层次越低；而对称性越破缺，层次越高。从这个角度来理解东南大学本部的建筑，我们看到对称了吗？除了大礼堂以外没有对称的。中国的天安门高度对称。对称意味着有序，意味着权力。越是高层，越是不对称，非对称创造世界。

从这句话我们马上可以想到另一句话，古希腊原子论者伊壁鸠鲁的一句话，他说"原子本来是直上直下的，偶尔的偏斜创造了世界。"这就引出了"时间"。层次越高，越富有流动性。古人把生命比作火，强调的就是流动，人体中的一切都在流动当中。这是从第一个角度，沿量子阶梯上升，位置越高，结构越复杂，流动性越高，里面所含的信息量越大。

第二，系统与要素的关系。层次越高，系统中要素之间的结构会变得越来越宽松，同时要素的随机性、主动性提高。比如说，在氢分子或者氢原子里面，电子牢固地束缚在它的周围。但如果是 DNA 或者蛋白质在发挥它的作用的过程中，电子甚至氢离子在不断地离开又回来。层次越高，组成系统的要素的自由度、随机性、主动性就提高；与此同时，要素对系统的依赖性也越强。比如我现在退休，也就是相对而言自由了。然而我能够在这样一个讲台上讲话或者讲演，离不开学校和院里面给我提供的这个舞台。越是自由，越离不开我所需要投身的舞台，这二者是一致的。自由不是摆脱一切，而是更加依赖于这个舞台。

改革开放就是这个情况。改革开放前，在计划经济年代，中国社会对它的每一个要素都严格控制。要素既没有随机性，也没有主动性。一切组织上都安排好了，那么你还有主动性吗？改革开放之后的一大特点是要素的主动性提高了，组织、整个社会对要素的束缚减少了。所以改革开放也就是整个中国沿量子阶梯上升的过程，从低层走向了高层。主动性提高使系统富有活力，但是反过来，越是主动就越是依赖，于是系统成为一个整体。没有主动性，系统静止、死寂；而没有依赖性，系统分崩离析，不复存在。所以要素的主动性和要素对系统的依赖性，这两个方面的同步增长和有机结合是系统整体提升的根据。

下面再说一下纳米和表面。理工科的同学知道"表面化学"、"表面物理学"。材料的表面具有特殊的性能，而纳米材料之所以特殊，是因为它全都是表面。一块材料，有内部的原子，有表面的原子。内部的原子根本不表现自己。中国社会的改革开放，就是更多的内部"原子"变成了表面的"原子"，纷纷地来表现自己。一个良好发展的社会应该创造这样的一种条件——使自身能够达到一个更高的境界。其一，它的要素更加活跃；其二，这些要素对系统更加依赖。每一个要素都充分发挥自己的作用。但是一些国人为什么要出国移居、移民呢？要远离这样一个环境呢？从自然辩证法的原理可以大概地推知社会的状况。

第三，系统功能与要素属性的关系。细胞之所以存活，是因为它的系统整体呢，还因为其中的DNA、蛋白质或者是其他的要素的作用呢？东南大学之所以现在排位在全国第二十来位，是因为东南大学整体的能力和作为呢，还是因为我们每一个个人、每一个院系发挥的作用呢？

一方面，具有多种属性的要素是产生系统整体功能的必要前提。也就是说，首先每一个要素都有它的充分的能力，以及系统能够让每一个要素充分地发挥作用。想想看如果这样一个系统里面的每一个要素都是一模一样的，系统能活吗？一方面，要素都不一样，每一个要素充分发挥作用。但是反过来，另一方面，系统功能对要素进行协调制约和选择，每一个要素不是自行其是，而是在系统功能整体的协调之下发挥作用。譬如说我们的体内正在发生各种各样的反应，这个反应可以乱来吗？应在系统整体的协调之下发挥作用。这两个方面，需要每一个要素，都有自己独特的功能、独特的作用。譬如此刻，我需要的是各位在这里思考，听我讲，准备过一会儿提问题，而不是现在讨论。而讨论的时候又不一样。一些家庭，看上去郎才女貌，应该很般配，但却争吵不休直至离婚；另一对看起来好像是“鲜花插在什么牛粪上”，但是他们倒是很和谐。所以系统的要素和整体，它们是两个方面的问题。究竟是系统整体，还是要素的属性在起作用呢？要素的属性是基础，系统整体就在于协调，以发挥系统的功能。

第四，结构与功能的关系。结构决定功能，功能对结构具有反作用。这句话大家都知道。此处要强调的就是沿量子阶梯上升，功能对结构的反作用越来越大。譬如说，金属钠如果让它发挥功能，发生化学反应后就不是它自己了，它变成别的东西。但是生命，作为个人，作为一个细胞等等，只有发挥功能才能够存活。生命只有发挥功能才能够存活。我们在座的每一位，你之所以是你，是因为你发挥了功能的缘故。而你不发挥功能，那你就退化了。而且，正因为发挥功能，反过来推动了结构的变化。有很多这样的事例可以说明问题。譬如宇航员在空中呆了半年之后，回来一测试，他的骨质疏松了。因为骨质没有发挥功能，结构退化了。所以结构是通过发挥功能而得到增强。运动员的训练等等，都说明这样的问题。因果决定，与目的引导，这个二者是什么关系呢？沿量子阶梯上升，因果决定的影响变得越来越小，而目的引导的影响变得越来越大。譬如说中华民族，若干年前，一再强调的是我们是龙的传人。所谓龙的传人意味着历史的决定。现在更多的侧重于目的引导，同样的一个目的——中国梦，把我们一起引向一个方向。最近我参加了几个校友会，到复旦参加一个我作为学生的校友会，然后回到这里来又以老师的身份参加校友会。校友会感觉是什么呢？

大学毕业了，十年以后大家聚头，回顾当年我在大学里面怎么怎么样；十五年再去碰一次，又回顾；然后，二十年，又回顾。到三十年还有什么好回顾吗？没有了。校友会，往往就只有一个共同的出发点，而没有一个共同的目标。慢慢地，就散掉了。层次越高，越有目的引导在这里面起作用。

在系统与要素之间也存在某种博弈。"铁打的衙门流水的官"这句话，意味着在漫长的岁月中无比强大的系统整体对弱小个体的整合与组织作用。维特根斯坦在上一个世纪也谈到过河床与河水的关系。难道我们在座的各位都仅仅是河水吗？你同时在一定的意义上也是河床。我们不可能仅仅是河床，也不可能仅仅是河水。正如玻尔所说的："我们每一个在这社会上既是观众，同时也是演员。"它们是一个意思。那么这里面，"衙门"对于"官"的这个组织是什么意思呢？"你"跟"我"的价值观等等都是一致的，这些人就组织进体系之中。但是如果整个社会发生这样的一种情况：谁不守规则谁能够获利，那么这个不守规则的人慢慢就组织到河床上去，慢慢地就规定了之后河水的流向。这就是当代中国大家普遍谈到的这个问题：劣币驱逐良币。我在后面的"诚信缺失的文化根源"一讲，还要谈到这个问题。

第五，系统与环境的关系。同样的道理，层次越低，越是封闭；层次越高，越是开放；越离不开生它养它的环境，系统与环境越来越趋于融合在一起。一个深山里面的老农，他需要环境吗？他需要社会吗？他不需要社会，他需要的是一亩三分地，有一条小河，有一片林子，到此为止，这就可以了。但是对于比尔·盖茨，对于乔布斯，等等，整个世界都是他的环境！层次越高，环境的重要性越大，系统越是开放。从这个角度来说，中国的改革开放，每一个要素更加具有活性、主动性，系统整体对要素更加宽松，这是改革。开放呢？面向整个世界。总之，改革开放就意味着中国在量子阶梯上从无生命的无机体走向了有机体，走向了一个生命体。无机体，比如说铁，它具有很强的凝聚力，但是它没有生命。中国，现在就充满着活力，因为它的改革，因为它的开放。

第六，层次越高，层次和层次之间的距离越近，层次甚至可以忽略。同时，层次间的距离变得不确定，甚至可以互换。这句话是什么意思呢？譬如说生命中的细胞，细胞上面是器官，器官上面是系统（比如说消化系统、神经系统等等），然后是个体。但细胞上面的器官和系统是新的层次吗？看来不是。动物死掉了，很快降解到分子甚至原子，不会停留在系统、器官和细胞上。所以在生命中的"系统"，如运动系统、生殖系统、神经系统、循环系统等，不是细胞上面的新的层次。层次越高，层次与层次之间的距离越近，层次的距离不固定，以及可以互换。这个层次间关系的认识还可以进一步用到马斯洛的需求层次。裴多菲的诗大家都知道:生命诚可贵,爱情价更高。若为自由故,二者皆可抛。那么“自由”、“爱情”、“生命”等等之间是什么层次关系呢?不同的个体对于这样的层次会有不同的见解。所以层次越高,层次跟层次之间越是模糊。

特别谈一下关于种子和信息的关系。不同种生物有序程度较低的生命体,对生存环境的要求较低,人类失去1/5的水分会死亡,蚯蚓失去3/5的水分会死亡。更为低级的“隐生生物”,如小麦中的线虫,失去99%的水分,一旦得到合适的水分补充却还能恢复生命。公元79年,维苏威火山的喷发毁灭了庞贝城。在某种特定的背景之下,高等植物被低等植物赶尽杀绝,这就是所谓“物种庞贝城”。按达尔文的进化论,通常都认为高等生物对环境适应更强,但是在“物种庞贝城”中,却有“颠覆性”的发现,在这样一个不利的环境之下,高等的却被低等的替代。有序程度越低,对生存环境要求越低。我们刚才已经看到了,越是低层次,不需要环境,越害怕环境,越拒绝环境,越与环境相隔离。种子就是这样,低等生物就是这样。这里说的是不同种生物,那么同一种生物什么情况呢?就是在环境不利的情况之下,生物通过降序减少它的信息来保留自己,几乎所有最高等级植物都采用降序最为彻底的“种子”方式来保存生命。所有这些精妙绝伦的高级有序结构,全都无一遗漏地深藏在这颗貌不惊人的种粒之中,等到环境适合的时候重新生长。

这点很重要。到社会里面来看,在严酷的社会环境之中,受教育程度越低,自我意识越弱,越容易在严酷的环境下逆来顺受。而不愿意降序的那些人,比如说陈寅恪、傅雷,选择了死亡之路。遗憾的是,后者大多是才华横溢的社会栋梁。在这样的适者生存的逆向淘汰的机制下,结果是什么?社会中的精华被淘汰,整体水平下降。又一次看到了,“劣币驱逐良币”。在当代中国诚信缺失的情况之下,谁如果不遵守规则谁留下来了,谁遵守规则谁淘汰出局。这就是一种逆向选择。这是不同人之间的比较。那么对同一个人呢?我们看到扬州八怪的“难得糊涂”,孙膑被残废后宁可装疯。这就是降序的代价,看不到百花盛开,万紫千红。而人类社会的降序其代价是整个社会处于沉寂和停滞状态。所以社会到底是让人成为一个人,成为一个大写的人还是成为蚯蚓、线虫,甚至是地下茎块。这就是信息与层次的关系。越是低层次,它的信息量越低,越排除环境的影响;越是高层次,越需要环境,但是如果环境发生了变化,那么高层次就难以得到生存,只得“降序”或者是“难得糊涂”来保存自己。

层次升高所发生的变化归纳一下,大概是这样几点:

第一,从存在到演化。强调的不再是存在的东西是什么,而是强调它的由来,它的趋势。正如现象论者胡塞尔谈到的要把存在放在地平线上,放在时间中来考察。

第二，由实体到关系。譬如说概念，我们究竟怎么来定义一个对象呢？我们没法用对象本身来加以定义。必须通过它与其他事物的关系才能够定义其本身，重要的是关系。显然，这里的“关系”就包含了环境。

第三，由因果决定到目的引导。历史的影响正在变得越来越小，而未来的影响变得越来越大。所谓现代化，一个民族的现代化，可以说就是对自己的传统和历史的一种清算。在目的引导中涉及功能对结构的反作用。

最后，由必然到偶然，关注内部和外部的随机涨落，乃至巨涨落，以及新层次的“涌现”。有生于无，而不是无中生有。没吃饱只有一个烦恼，吃饱了就有无数个烦恼。上面谈到的是自然界的存在方式，我认为其中最重要的一点是沿量子阶梯上升所发生的规律性变化。

二、自然界的演化方式

1. 演化和演化的规律

下面谈演化。下面是关于自然界演化的一个图(见图 1-2)，我们简要地介绍一下。奇点，137 亿年前(目前的认识)，由于现在还不清楚的原因发生了爆炸。在 10^{-35}秒生成了夸克。随着温度的下降，夸克复合生成中子和质子。质子，再加上中

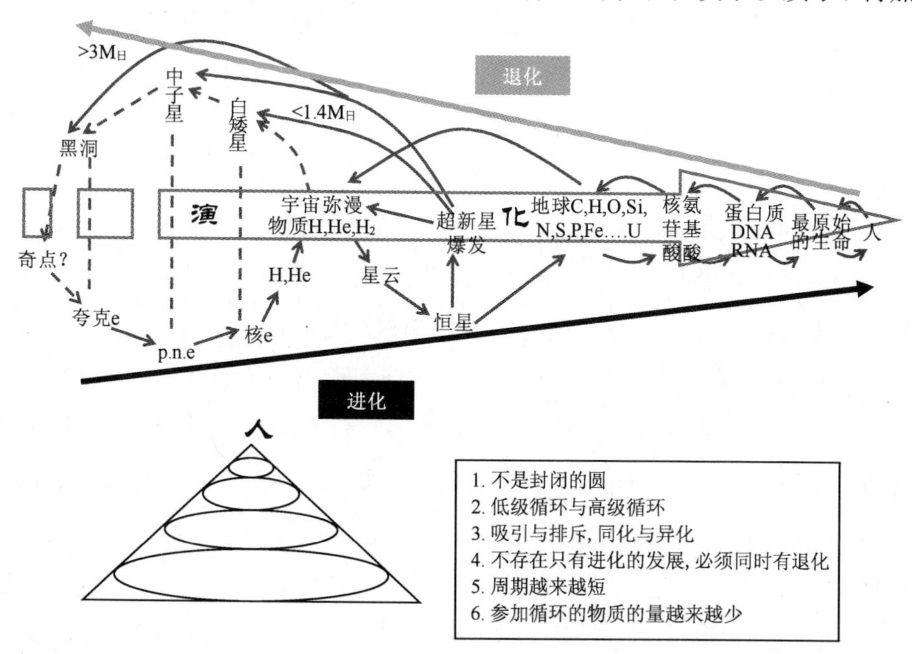

图 1-2　自然界的螺旋式演化

子复合生成最简单的氢与氦核，在高温高压下核与电子形成等离子体。温度与压力继续下降，核与电子形成了氢原子、氦原子。两个氢原子又形成氢分子。氢与氦构成最初的宇宙弥漫物质。宇宙弥漫物质的引力分布不均匀，有些地方密一点，有些地方疏一点。比较密的地方形成了星云，星云进一步收缩，形成恒星。在恒星中发生了一系列的核反应，对抗万有引力的吸引，最终这些元素都变成了铁。之后，不管铁的分裂还是铁的聚合都不能够产生能量来抵御引力吸引，于是一直塌缩下去而发生超新星爆发。超新星爆发，大部分物质抛射出去变成了第二代宇宙弥漫物质。留下的核的质量如果小于1.4个太阳变成白矮星，电子和核在高温高压下形成等离子体；再大一点，超过1.4个太阳，形成中子星。电子被压到核里面去了，与质子复合形成中子，整个恒星都是中子星；再更大，超过三个太阳，一直塌缩下去，形成黑洞。超新星爆发时，一部分抛射出去的物质互相吸引生成了地球。地球上有这么多的元素，又开始了新的进化。这个图非常简要地把宇宙演化过程描绘了一下。

首先，一目了然的是，演化显示出由一连串的循环构成的螺旋式推进。宇宙的螺旋式推进并不如同社会发展那样，只是一个箭头在前面旋进。宇宙由一连串的循环构成的螺旋式推进。在进入高级循环后，低级循环依然存在，为高级循环输送能量、物质和信息。总体而言，可以把这样的演化区分为若干阶段：第一个循环是宇宙起源和基本粒子生成；第二个循环是恒星演变和核素生成；然后是地球演变与化学进化；接下来，生物圈进化与人类起源。宇宙的演化过程是由一连串的循环构成的，每一个循环不是一个封闭的圆，而是从最高点开始一个新的循环。所以，整个演化过程就是一个低级循环与高级循环不断推进的过程。

其次，通过这个图可以看到两条线：一条线就是进化。能联系到一开始谈到的量子阶梯吗？下面的这条线，夸克、质子、中子、核等等，就是沿量子阶梯上升。但是这个图上还有上面的这条线：退化。这就告诉我们，宇宙的演化过程不仅仅是进化，而且有退化。一定要记住这一点。退化并不是消极的破坏因素，而是演化必要的组成部分，没有退化就没有进化。由此可以明白很多道理，譬如有些人认为社会主义制度不允许退市，不允许破产。张艺谋的电影叫“一个都不能少”，看起来很美，可能吗？我们说小学毕业生“一个都不能少”，可以那么说，相当于第一个循环。大学呢？研究生呢？博士生呢？这是宇宙发展的一个规律：进化以退化为代价，为了创造进化必须创造退化。

第三，由低层次到高层次，循环的周期越来越短，以及参加循环的物质的量越来越少。整个宇宙中绝大部分物质和能量，以及绝大部分时间都在第一个循环里面，越往上，参加循环的物质的量越来越少。我们看到当一部分物质向高层次推进的时候，大部分退化到较低层次。人是什么？是无数循环最后的产物。图 1-3 中的这么一座金字塔，宇宙，以它的绝大部分的物质、能量以及时间，最后创造了人。然而，现在人的所作所为、人口的增加、欲望的膨胀，整个宇宙的金字塔很难再支撑。

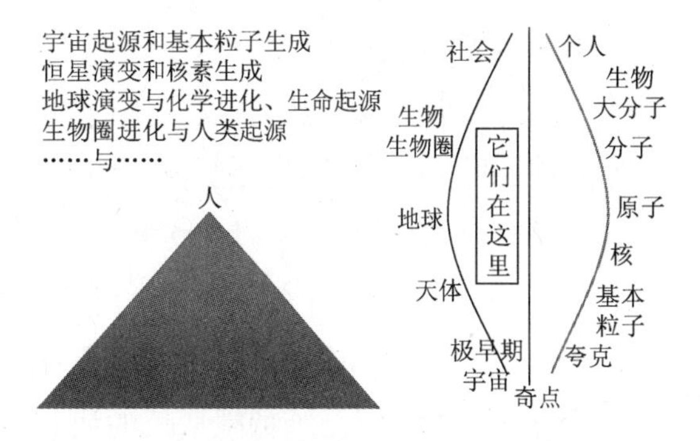

图 1-3　自然界演化的阶段、舞台和演员

这里还可以看到另外的两条线。左边这条线提供了一个舞台，在极早期宇宙中生成了基本粒子，在天体的演变中生成了一系列的核素，氢、氮、氧、硫、铁……一直到铀等重元素，在地球上形成了各种无机物和有机物，开始了生物进化；在生物圈中开始了生物进化，越来越复杂的过程，在社会中又有了一、二、三产、各种社会制度，以及马斯洛需求层次，这就是两条系列。右侧这条线的系列就是一再谈到的量子阶梯。现在可以看到，在量子阶梯的旁边有一条舞台的系列。量子阶梯是在舞台的系列中逐步提升的。前面的图不是说还缺了些什么东西吗？缺的就是这些。而缺的这些东西就充当了量子阶梯的舞台。不仅要讨论量子阶梯，同时要讨论量子阶梯所处的这个舞台，它们二者不可分割。当演员的尺度变得越来越大的时候，舞台的尺度却变得越来越小。

人类正在扩展自己的舞台，逐渐走出地球。为什么到现在还没有发现外星人呢？有一种观点是因为他们太发达了，发达到这样的程度，他们的科技完全绿色以至于在外面根本觉察不到他们的存在。发现不了，或许正说明有这样的一种智慧生命的存在。这样的说法很有意思，类似的还有“人择原理”。“人择原理”的由来也是这样的。为什么氢原子的质量是这么大呢？为什么普朗克常数、引力常数是这样的呢？为什么它们的比例是这样而不是那样的呢？常数为什么是这样？常数之间的关系为什么是这样？很佩服问题能问到这样的一个份儿上。怎么来回答这个问题呢？“人择原理”是这么来解释的：如果常数不是这样，如果常数之间的关系不是这样，现在会有人吗？因为它们就是这样的，只有在这样的搭配下才会最后进化出人类。既然现在已经有人，那么回过头来这个人所看到的常数当然就只能是这样了。这是一种非常奇妙而又有效的解释方案，同时又好像什么都没说。“人择原理”，这个世界之所以这样产生了人，是人选择了这个世界。

下面再看这个图(见图 1-4)。在这个图里面,中间是自然界的演化过程。下侧是刚才说到的舞台,还记得吗?这是舞台的演化;上侧是舞台上演员的演化。二者在一开始是同一的,最后是不是也会同一,现在就不知道了。于是,针对舞台有一系列学科,针对演员也有一系列学科。所以,学科与学科之间的关系究竟是什么?纵向形成两条链,在链与链之间存在横向的关联。人文社会科学,人文跟社会科学究竟有什么关系呢?人文科学讨论的是演员,社会科学讨论的是舞台。人文社会科学,舞台与演员不可分割。这不就是维特根斯坦的河床与河水的关系吗?

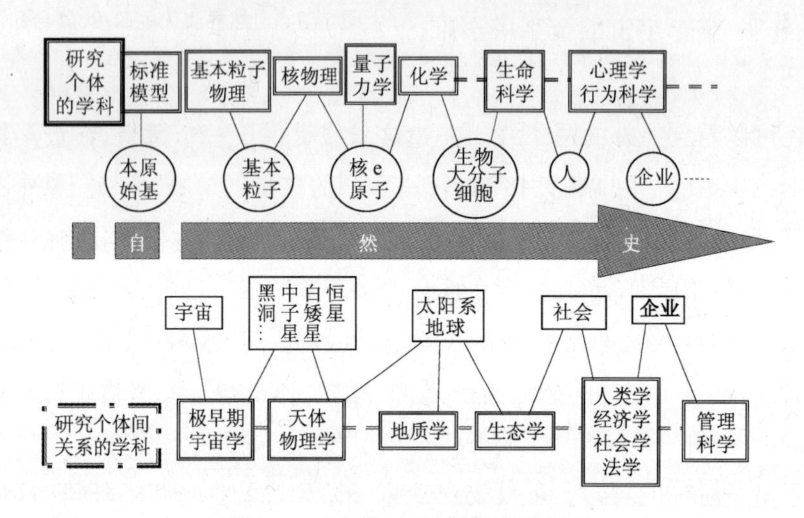

图 1-4 研究“舞台”和“演员”的学科

2. 演化的机制

在自然界的演化过程中有两个著名的“妖”:一个叫麦克斯韦妖,一个叫孟德尔妖。麦克斯韦妖大家可能比较清楚。克劳修斯在 19 世纪提出“热寂说”,宇宙最终走向热平衡,一切运动停止,宇宙陷入永远的寂静之中,这就是“热寂说”。那么在走向“热寂”的过程中是由什么样的力量反过来让它变得比较有序呢?那就是麦克斯韦妖。耗散结构的自组织就是找到了麦克斯韦妖。孟德尔妖说的是为什么生命会变得越来越复杂。刚才谈到的生物降序与孟德尔妖有关系。只要环境更加优越,就会演化出能够适应这样的一种更适应优越环境的生命来。而环境如果变得恶化,那么孟德尔妖就无从谈起。所以它与环境是不可分割的。以下这几本书都是非常有价值的,推荐大家有机会看一看:《从存在到演化》、《从混沌到有序》、《确定性的终结》、《未来是定数吗》。

自然界演化的机制非常复杂,这里只是向大家介绍一下普利高津的分岔图(见图 1-5)。在这个图里面可以说明三点:

第一，偶然与必然，分岔点上是偶然的，在两个分岔点之间是必然的。譬如说从上高中到高中毕业这一段是必然的：好好学习，天天向上。但到毕业考大学了，有很多很多偶然性。我们都经历过这个阶段。年龄大一点的，或许子女正在经历这一阶段。高考，题目会不会做，填什么志愿，考什么学校（是东南大学呢，还是复旦呢，还是南大呢？），考什么专业（是中文，还是建筑，还是其他？），太多的偶然性！我在二十年前参加过高考的阅卷。改卷前要是跟夫人吵一架，心情不好，给多扣 0.5 分，相差这个 0.5 分在全国排名就会相差十几万、几万名。我跟我夫人吵架跟你高考有什么关系呢？但是在分岔点上，风马牛不相及的因素相遇，偶然性起作用了。考完了按 1∶1.2 投档，分数考得最高未必录取，而刚刚过线可能录取。花一千块钱给招办主任递一张条子，那个主任把这个条子往桌上一放，一阵风把这个条子吹到桌底下去了，找不到了。一阵风就改变了一个小孩的命运，这就叫做偶然。以前读的书，从原始社会到奴隶社会到什么什么社会，好像是必然，实际上发展充满了偶然性。进入了东南大学，在四年内好好学习，天天向上，等到毕业的时候又充满了偶然性。现在，你们叫做双向选择。我当年计划分配也有很多偶然性。我们有一个同学非常明智，从上大学的头一天就培养跟政治指导员的密切关系，给他泡开水啦、端饭啦、倒洗脚水啦……后面这个比较难一些。把这些工作都做到了，等到他毕业的时候，这个指导员调走了，他痛不欲生。我们的其他同学都讨厌他，把他发配到边疆。他到了边疆后发愤图强，现在是老总。我们这些同学的子女又去投奔他去了。这就是人生，人生充满了分岔。

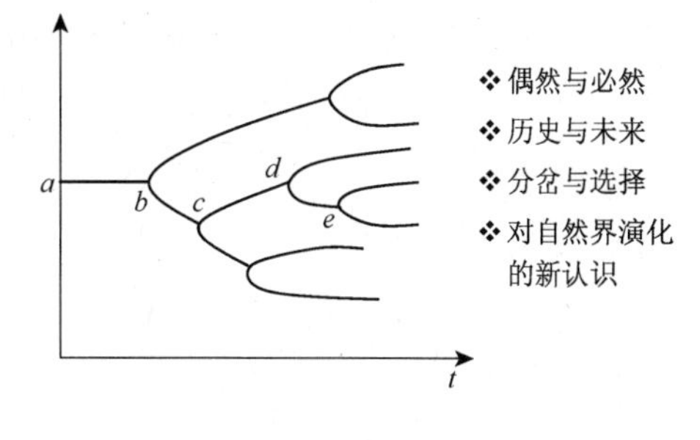

图 1-5　分岔图

第二，历史与未来。什么意思呢？站在某一个角度你往回看，走过的路是清楚的，往前看，将要走的路清楚吗？历史向未来敞开大门。"一切皆有可能"就是这个意思。历史与未来是不对称的。中国古代社会是一条什么线呢？中国古代的社会，这条直线，五千年前，五千年后，一模一样的。两个相隔千年的人完全可以互相了解。而现在呢？我跟在座的年轻的学生能够了解吗？这就是代沟。中国五千年封建社会没有代沟，是一个停滞的社会。这条线是什么？看心电图，如果变成了直线了，人就死掉了。所以这个线，如果它前后对称，就等同于死亡。我跟在座的各位有很多区别，其中有一个区别是什么呢？你们的前面，充满了各种可能性，而我的前面还有什么分岔吗？我还能下海吗？还能当官吗？还有什么……吗？一个新生的儿童，他的前面有无数的发展的可能，非对称创造世界。

第三，走过的路越多，改变的可能性越小，这就叫“路径锁定”。我们羡慕美国的历史短，他们可以有各种选择；美国人羡慕中国历史悠久，历史越是悠久改变的可能性就越小——锁定。

究竟怎样来理解时间？时间，它是一种循环，它可能有突变，有进化，同时也包括退化，还有分岔。从演化的全过程来看，某个事物，以及宇宙整体，是一个从混沌到有序再到混沌的一个发展过程。

还有记忆，人们会记得分岔点。时间之矢不可逆，但是时间可以记忆。中国人对历史上的每一个分岔点都有深刻的记忆。譬如说黄岩岛、钓鱼岛就让我们想起了甲午海战，等等。

再看图 1-6。在这个教室里面，在座的所有各位，每一个人离开了这个教室之后都有自己特殊的时间箭头。东南大学的时间箭头就是其中的每一个人的时间箭头，在东南大学中凝聚起来。此刻，我跟在座的各位有缘在这段时间聚到一起，有每一个个体的时间，也有整体的时间。个体的时间只有融入整体之中才有它的价值，而整体的时间就是每一个个体时间的集合。

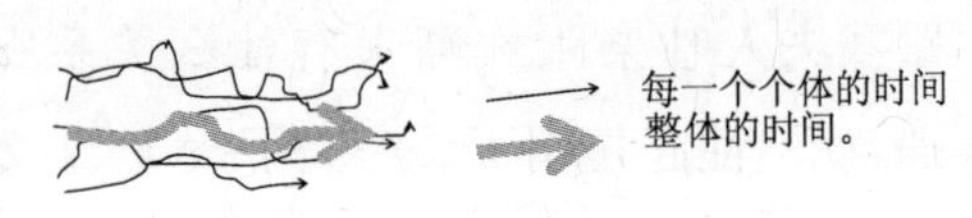

图 1-6　个体与整体的时间

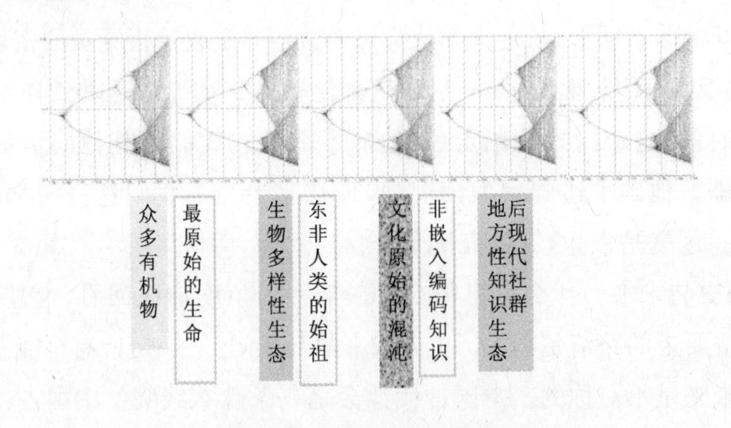

图 1-7　“发散—收敛”图

从整个宇宙演化过程中可以看到一系列发散—收敛—发散—收敛……（见图 1-7）宇宙演化的某一个阶段出现了许许多多的有机物，这是发散；而在无数的有机物里面出现了最原始的生命，这是收敛。最原始的生命就是一种，然后最原始的生命变得越来越丰富，形成了生物的多样性，构成了一种生态。在这样的一种生物多样性和生态的背景上，出现了最原始的人：东非古人——人类的祖先。现在基本上已经确定了人类起源的单一性,它就是从东非开始。人类从东非走出来,形成了各种各样的、传统的、原始的文化。到了十七八世纪,启蒙运动提出了“自然状态”下人的“天赋人权”等等。现在我们又看到,知识变得越来越丰富,出现了各种各样的地方性知识、后现代、社群等等。不断地在一个积聚丰富的背景中出现了一个新的生长点,这个生长点又长出了很多很多发散的东西,在这个基础上又出现了一个新的“始基”。在目前发散的基础上还不知道今后又会出现一个什么样的新的“始基”或者本源。现在预言这个新的始基,或者新的本源大概就是“人机合一”的产物。

生物进化的动力。它为什么会进化呢?首先,在于减少竞争的压力,选择较少竞争的环境。我们写文章等往往选择学科交叉的地方,不仅是因为交叉地方有文章可做,同时也避开这两个领域过度的竞争,难以做出新意。其次,突变、选择,很重要的一点还有隔离。隔离就是你守住你自己的特色,而不要忘掉了你是谁。再次,种内竞争与种外竞争的矛盾。对于这点我还不是很清楚,譬如说鹿为了交配(种内竞争),它的角变得越来越大,而越来越笨重的角让它逃避狼或者其他的掠食者变得越来越困难(种外竞争)。往往这两种竞争之间是矛盾的。我不知道在人类社会里面的竞争是否也面对着种内竞争与种外竞争。为什么上帝这么安排呢?在我的博客里面就写了好几篇这样的文章,如《上帝的门与窗》。通常我们都说,对一个残疾人,譬如说张海迪,或其他什么人,当上帝对他关上一扇门,但会对他打开一扇窗,“天无绝人之路”,或者“柳暗花明又一村”。但是我的观点是什么呢?我说上帝不会同时把门和窗都打开,让你什么都能拿到。至于中国的文化兼容并蓄,我们似乎什么都得到,实际上恐怕是得不到的。人生就是这样,老得到这个程度,可以有钱吃螃蟹了,但是却不敢吃螃蟹了,可以有钱去玩了,但却没有这个体力去玩了。上帝的门和窗不能够同时开。中国文化的兼容并蓄是,官员有了权,回过头来拿学校里面的博士学位,回过头来又到学校里头当博士生导师,如此等等,那就是兼得了。我想种内竞争跟种外竞争大概就是这一对矛盾,让它们互相制约。人类的进化,我们说大脑的进化已经到顶了,接下来是外部进化。通过我们的技术抵御环境的压力。“环球同此凉热”,如果凉热是一样的,那么什么地方是不一样的呢?那就是文化的进化。

三、自然界与自然,存在与演化

最后总结一下。英文的 Nature,所对应的中文是“自然”和“自然界”。自然,也就是演化和过程;自然界,即此时此刻的自然,在时间和空间上限定。自然,就是一连串的自然界；而自然界又不断突破自己的“界”形成新的自然界。“然”是过程，自己发生的过程，就是“自然”。自然和自然界，同一个英语单词，在汉语中有了如此的区分！这就是汉语之妙。

关于自然哲学，在我的博客里还有一些文章，特别是跟演化有关系的。有一个关于演化、进化与退化的系列，可以参考一下。

谢谢大家！

提问与探讨

请各位提问。讲座完了如果没有人提问这个讲座就是失败的。为了让我不失败，请提问。

(1) 提问者：我的问题是自然演化方面的，表面上看非常简单，为什么我不太看到绿色的花？表面上看这个问题，应该各种颜色都存在。之后我就思考了一下，可能科学家现在用转基因技术能把黄色的玫瑰花做出来，但是在做绿色的玫瑰花的时候就失败了。所以我就想这里面会不会是哲学上的一个起点问题，就是花不应该是绿色的，这是不是在哲学意义上说如“黑洞”一样的现象？

吕：这个问题令我太意外了：为什么没有绿色的花？我看看我这眼前的花有没有绿色的。很有意思的问题，也是我没有想到的问题。此刻我只能说我对这个问题还是比较无知。我想人类发明了红花绿叶这个词汇，李清照有绿肥红瘦的名句。有了这样的一些词汇之后，自然界也就自然比较识趣地不再长绿色的花了，是不是也是“人择”的关系就不清楚了。实际上应该是这样的，为了光合作用，叶片大多是绿色的。要是花也是绿色，那么那些授粉的蝴蝶、蜜蜂之类大概就看不清了。当然还可以凭嗅觉，譬如“闻香识女人”，但要是配合视觉，岂不更妙？至于科学家未能由转基因做出绿色的花，大概还是植物不配合不愿意吧。谢谢！

(2) 提问者：非常感谢吕老师给我们讲座！讲到自然界的存在方式，您说层次越高，对称破缺越严重，流动性越强。我不明白的是：为什么说流动性越强，这个维度表示的是它的时间性呢？还想进一步问一下，吕老师您理解事物的时候通常都是从时间和空间这两个维度吗？是说做学问还是你日常理解也都是这样的思维方式吗？

吕：流动，难道不是时间吗？关注时间和空间这两点应该在我的生活中也是这样。我正在考虑写一篇文章，谈谈究竟可以从哪些方面来理解历史、时间、过程，应该比刚才的讲座更多一些。

(3) 提问者:您讲到有序程度较低的生命体对于生存的要求比较低,而比较高层次的生命体在恶劣的环境下要自我降序来维持生存。但是我在想它是不是有另外一种方法,就是类似于人类对于恶劣环境的适应,一种可能是降序,一种创造,创造一种类似于机械或者替代的物质,去改造环境而不是降序自身。是不是存在这种可能性?

吕:好问题!这里要区分不同情况。对于生理上面临的恶劣环境,在一般情况下人类会创造出物质设施来抵御;但对于精神上的恶劣环境,没有什么物质设施可以抵御;由此又可以进一步分析,一般人会选择降序,因为强大的社会相当于维特根斯坦所说的"河床",个人则是"河水",毕竟河床对于人的影响更大一些。当然,要是河水足够强而有力,就可能改变河床,创造出更有利于个人发展的河床,最终也有利于社会的发展。谢谢!

(4) 提问者:吕老师,您好!我现在研究比较前沿的一个方向是商业智能的开发。商业智能是一个平台,企业从大数据里面去分解、融合以及再分析,从而理解消费者或人的需求,或者人的观念的不同而导致对产品的理解也不同,然后再根据这个分析出来的结果去设计产品和服务。那么这样的话是否已经达到了"人机结合"的阶段?第二个问题就是关于未来趋势问题。你刚才谈到"人机结合"可能成为未来发展的一个趋势。那这样的话我有个建议就是:能否不用达到"人机结合"而达到一种"人机交互"的阶段?因为"人机结合"可能给大家一个印象就是人可能会被机器所驱使,所屏蔽,那么这样的话人可能就是一个载体,而机器成为一个主体。所以能否达到一种"人机交互"的阶段,这样就达到另外一个起始的层次,这是一个进化的趋势到了头。那么退化的过程又会是怎么样呢?请您对这两个问题分别做一下解释。谢谢!

吕:对于你的两个问题,在后面"人工自然与人类社会的关系"大概会谈到这个问题。从现在技术的发展,特别是像苹果的 iPhone 等,或者是其他的这些东西的不断的发展来看,人工自然未来的发展与人之间究竟是交互呢,还是合一?我想这大概正应然着扩散之后的一种收敛。那么这个收敛将成为一个新的起点,就相当于始基演化说这样的一个起点。那么这个起点到底有没有,我们到那个时候再进一步讨论这个问题。所以现在很多很多的问题都是在讨论"自然哲学",或者更重要的是要讨论"人工自然哲学",这个应该是我们"人类学意义的自然界"。这是马克思说的一句话,我觉得很有道理。好,谢谢你的问题!

(5) 提问者:吕老师,您说较低层次它有一个对称性比较高的特点。对称性这个概念本来是几何学上的,我想知道在您的说法当中这个对称性究竟是一个怎样的概念,是物质在空间上的均值,还是只是在几何上的一个对称?

吕:所谓“对称性”,显然是广义的,不只是静态的几何形状,而且是动态的过程,例如中国封建社会的超稳定结构就是在时间上的对称;进而包括心理。谢谢!

二、认识论与方法论

第二讲 认识过程的“V”形曲线

——马克思的“两条道路”

（潘锡杨整理）

上一堂课主要谈的是本体，就是存在和演化着的自然界；今天主要是从认识的角度来谈。马克思的两条道路看起来很抽象、很专业、很马列，但是实际上我觉得它对于广阔的领域都有辐射的意义。

一、马克思的“两条道路”

什么叫马克思的两条道路？“如果我从人口着手，那么这就是一个混沌的关于整体的表象，经过更贴近的规定之后，我就会在分析中达到一些最简单的规定。于是行程又得从那里回过头来，直到最后我又回到人口，但是这回人口已不是一个混沌关于整体的表象，而是一个具有规定和关系的丰富的总体了”。“在第一条道路上，完整的表象蒸发为抽象的规定；在第二条道路上，抽象的规定在思维行程中导致具体的再现”。

在对象未被认识之前，对象对于认识者来说“只是直接的、消极的存在”，是“外在的”“自在之物”。认识一旦开始，就是对“自在之物”的否定，尔后在第一条道路上，主观观念距现实越来越远，距本质越来越近，直至达到极端，“然后这个主观性”辩证地突破自己的范围，在第二条道路上通过推理展开为客观性。一旦认识了一个事物，就不再是“直接的，消极的存在”，不再是“外在的”“自在之物”，而是成为一种“积极的存在”，“在我们的思维中随时可再现它的一切，它是内在的”“为我之物”。

譬如说，道尔顿在 19 世纪初提出原子概念，更早的时候还有伊壁鸠鲁等所提出的原子概念，但是当时他们对原子了解吗？他们知道原子是由什么东西组成的吗？他们知道原子具有什么性质吗？一无所知。到了 18 世纪，道尔顿提出原子概念，20 世纪卢瑟福建立原子模型，到现在我们对原子就了解了。所以这是一个经过贴近的规定，达到一些最简单的规定，然后再回过头来，那么现在我们对原子已经了解得比较充分了。合起来就是“两条道路”。

譬如说水，水究竟是什么东西呢？我们去除掉它的无色透明，去除掉它的流动，去除掉它在一个大气压下在摄氏100度沸腾等现象层面的东西，得出了抽象的H_2O。有了H_2O之后，我们根据H_2O里面各种各样的关系，H和O各自的性质以及它们之间的结构，逻辑地推出它是无色透明的液体，推出它的100度沸腾，0度结冰等等。这就是“两条道路”：在第一条道路上，完整的表象蒸发为抽象的规定；而在第二条道路上，抽象的规定在思维的过程中导致具体的再现，根据水分子的结构，推出它的各种各样的性质。它的感性的东西重新又能够建构起来。

对象在未被认识之前，它是一种“直接的、消极的存在”，是一种“外在的自在之物”。我们不了解它，因而是消极的、外在的自在之物。一旦对它进行认识，就是对这个“自在之物”的否定。它就不再自在了，而为我所知了。在第一条道路上，主观观念距现实越来越远，而距本质越来越近。你看这块黑板，它是平的，它是硬的，它是方的，它是木头的，等等，我们不断地抽象，最后抽出什么东西呢？抽出一个平面，抽出一个线，抽出一个点。点、线、面，这就是抽象。然后把各种各样的东西再重新注入进去，在第二条道路上，通过推理展开为客观性。一旦经过这样的两条道路之后，那么这个对象就不再是“直接的、消极的存在”(外在的自在之物)，而是成为一种“积极的存在”。什么叫做积极的存在呢？在我们的思维中随时可以把它调出来，我们可以建构它的全部的东西。在我们的思维中随时可再现它的一切，它是内在的为我之物。我已经了解了它、把握了它。这就是所谓“两条道路”。

有一定哲学基础的人士大概能够比较理解马克思的“两条道路”，另一些可能理解这个会要稍微费点劲。对任何事物的理解都经过这样的两条道路。

二、两条道路上的科学方法

可以用两条道路把思维过程中的各种方法串联起来。可以参见笔者的一篇论文《马克思“两条道路”的科学方法论意义》，发表在《科学技术哲学研究》2012年的第3期。

在第一条道路上有这些方法：抽象、分析、比较、分类、归纳。思维的第一步，首先是形成概念。譬如从一个运动的物体得出了时间概念，得出了空间概念，得出了快慢的概念，进而得出了速度、加速度等概念。有了概念之后，研究就能在思维中进行。

所以说，抽象、分析是形成概念，是第一条道路的起点。然后用这些概念对事物进行空间、时间等方面的比较，这就是比较方法。通过比较，把相同或者相似的东西归为一类，也就是分类方法。在分类之后，再找出同类事物的共同点，也就是归纳方法。这就是第一条道路上的方法，从抽象、分析开始，通过比较、分类和归纳，逐步建立起前后相续的、步步深入的联系。通过这样的一系列方法，在思维中距离事物的表象、语境，距离主体的感官越来越远，越来越抽象。譬如说，培根是怎么得出虹跟三棱镜的相关之处呢？就是经由上面所说的第一条道路上的一系列方法。培根得出了二者的相关性之后，虹跟三棱镜这样一种特殊的对象和它们的语境已经淹没了，已经淡化了，已经远去了……反过来，培根的认识距离本质越来越近。这就是第一条道路，也就是马克思所说的，"完整的表象蒸发为抽象的规定"。所以第一条道路包括抽象、分析、比较、分类和归纳这样一些方法。

接下来就是转折，走到第一条道路的顶点，思维就面临转折，马克思说"行程又得从那里回过头来"。譬如说欧几里得几何，在抽象得到五条公理后，接下来就由第二条道路构建整个几何学大厦。力学抽象到力，抽象到作用点，抽象到作用的方向等等，回过头来构建力学体系，这个过程就是由"知其然到知其所以然"的过程。在这个转折点上，大概有这些方法：类比、直觉、顿悟、假说，其中的核心是直觉。转折点，重要的是什么呢？它是总结提炼由第一条道路得到的成果。譬如说归纳得到的成果得出了波义耳定律，根据压强、体积的关系，再进一步得出理想气体的公式，PVT 的关系，这是归纳的顶点，接下来就不是归纳可以解决的了。为什么有 PVT 这样的关系呢？要找到背后的原因，就要应用转折点上的假说等方法。由直觉等途径和当时的原子分子论等，得到了气体分子运动论。气体分子运动论，第一，总结了第一条道路，第二，指引第二条道路，提出预言，设计实验。

经过转折之后是第二条道路，第二条道路主要是什么呢？就是综合和演绎。综合就是把分解之后的局部、片段、要素整合为一个整体。演绎，通过推理和实验等等途径，将大前提里面所隐含的东西都推理出来，以形成理论，完善假说。这是第二条道路上的方法：综合和演绎。

通常对方法的理解，都是把分析和综合放在一起讲，把归纳和演绎放在一起讲，但是实际上分析之后不是直接就跟着综合，归纳之后不是直接就接着演绎。一方面可以看到，它们是属于某种对偶关系，因为它们正处在两条相反的道路上。分析，处于第一条道路；综合，处于第二条道路；归纳，处于第一条道路；演绎，处于第二条道路。所以它们对偶，然而另一方面必须看到，它们不直接相连，必须经由转折阶段。

想想看，归纳得出来的结果是知其然，但是如果没有经历知其所以然，揭示知其然之“然”背后的原因，就把它作为演绎的出发点；就好比登山者在半山腰浅尝辄止然后返回。你看到什么新东西吗？没有。说铜导电、铁导电，归纳得出金属导电，所以银导电。有新东西吗？为什么金属导电？如果没有经由转折，那么这样的一种推理停留在归纳，而归纳总是不能够穷尽的。再譬如说今天南京的乌鸦是黑的，上海的乌鸦是黑的，你能确定现在在阿拉斯加的一只乌鸦是黑的吗？你能够说在一万年前的乌鸦是黑的吗？归纳总是不完全的。如果不能够揭示乌鸦之所以黑的背后的原因，就不能够推出另外一只乌鸦也是黑的。人的死也是一样，如果我们不能够揭示人之所以要死背后的原因，我说孔子现在还活着，你能够推翻我吗？所以归纳不直接连着演绎，归纳必须经过转折之后才是演绎。通常把归纳和演绎放在一块讲，分析跟综合放在一块讲。它们是对偶的，但是它们之间还隔着一座山。要翻这座山到顶上，展现的是一个全新的世界，同时也是一个纤毫毕现的世界。两条道路中间要有一个转折的环节。这两种方法它不是直接地相连的，对偶但不直接相连。

三、复杂性科学和方法

1. 当代科学发展的三大方向

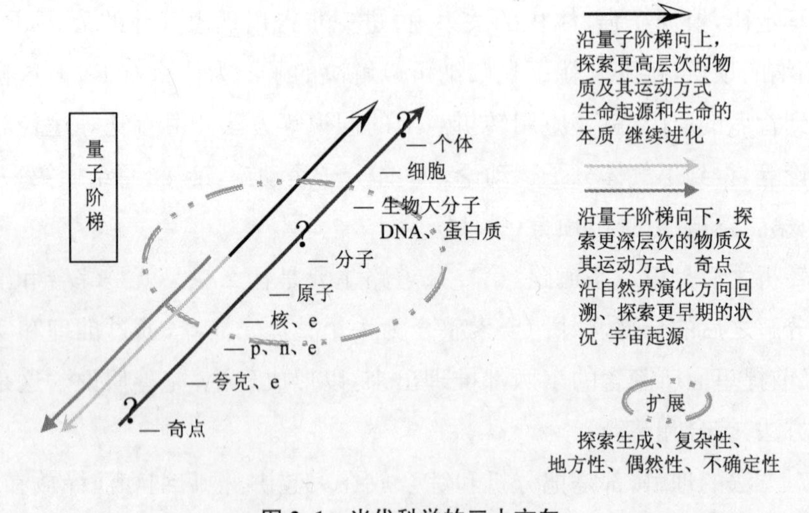

图 2-1　当代科学的三大方向

图 2-1 右面的箭头线就是上次所讲到的“量子阶梯”。当代科学有三大方向。

第一，看中间向上的箭头方向，就是沿量子阶梯向上探索更高层次的物质和它的运动状态。更高层次：生命是什么、人是什么、细胞是什么、意识是什么。探讨生命的起源、生命的本质，甚至于继续进化（克隆、生物工程、电子人等等），看到了这样一种可能性和趋势。当然，它将把人类引向何方，那是另外一回事，但是正在突破这样一个点。这是当代科技的第一个方向。

第二，向下那两条线，探索更深层次的物质及其运动方式。譬如说，希格斯子、夸克、标准模型、宇宙起源、奇点……我们再三强调，量子阶梯不仅仅是空间上的一种排列，而且是时间上的一个过程。向上，就是沿着自然界演化方向；向下，就是回溯，探索更早期的状况，探索宇宙起源。所以向下，在空间上是越来越小，在时间上是越来越早。

请特别注意第三个方向，这就是扩展，沿量子阶梯向周围的扩展。世界上的万物并不都在量子阶梯上。实际上量子阶梯上本来就是空无一物的，没有什么东西确确实实地挂在量子阶梯上。H_2O不过是概念，实际上存在的水，是玄武湖的水，是北冰洋的水，它们都处于特定的语境之中。于是就需要探索复杂性、地方性、偶然性和不确定性。什么叫地方性？我这个杯子里的水跟你的水就不一样。一小时后的水，就跟现在的水不一样了。这就是为什么隔夜的水不能喝的原因。长江的水、玄武湖的水不一样。这就是地方性。还有很多很多的偶然性、不确定性。这就是沿量子阶梯扩展。这就是当代科学的三大方向：向上、向下，以及我认为更重要的扩展。

2. 复杂性

下面就特别谈一下扩展的问题，主要就是探索复杂性、偶然性和不确定性。这里面有所谓“三论”和“新三论”。上堂课就谈到了“新三论”中的耗散结构理论和它的分岔图，谈到了混沌。有一位当代的物理学大家说过，20世纪世界上永远铭记的只有三件事情：相对论、量子力学与混沌。100多年前，有人说过这样一句话：如果你第一次接触到量子力学而没有感到不可理解，你就是没有理解。现在大概可以用同样的话来说什么是混沌。当你第一次接触到混沌而感到了混沌，那你可能就能理解混沌。

先看分形，什么是分形？中国拥有32 000公里长的海岸线，其中大陆岸线为18 000公里，北部起始点为鸭绿江口，南方终点为北仑河口。那么这个海岸线是怎么量出来的呢？看见一个港湾要不要量呢？看到一块巨大的礁石要不要量呢？每一颗沙都要量。于是如果用一把尺去量海岸线的话，尺越短，量出的海岸线就越长。海岸线到底多长？海岸线不是一维，也不是二维，海岸线是一个分数维。海岸线就是分形。分形理论的提出者说欧几里得几何是呆滞的。这个黑板，多长多宽？面积多大，长×宽，你量就是。但是你真的能够把它的长量得很精确吗？量不出来的。当我们在用尺量黑板的长和宽的时候，我们略去了很多曲线。而正是这样的曲线使得这块黑板不同于隔壁教室的黑板。所以用欧几里得几何就省略了很多生活中实实在在的事情，略去了地方性的、偶然性的东西，而分形是活生生的。

所以，这里面就提出一个所谓后现代思想。这样的一种思想不仅在于研究中的对象众多、复杂，不仅仅在于它的方法复杂，而且在于其中缠绕着人类社会的伦理、价值，不同社会集团的利益、政治问题。记得研究基因的分子生物学家麦克林托克说过，她研究基因，越研究基因，发现基因越大，最后，她就在其中。什么原因呢？为什么还有这样的想法呢？因为基因中镌刻着整个宇宙演化的过程，最后把主体包括在内。当我对这杯水研究得越是深入，那么它所处的语境，跟我的关系就越是密切，没法割断主体与它的关系。主体必然介入其中，所以复杂不仅在于对象，不仅在于方法，而且在于主体。主体不可避免地介入进去。

"三论"和"新三论"二者新旧之差究竟在哪里呢？三论是系统论、控制论、信息论。它们起一种综合的作用。而新三论主要研究演化，特别是涌现。涌现这个概念比演化更加生动，涌现我是不知道的，是推不出、无法预见的。譬如两个人之间看起来郎才女貌，但是他们合在一起为什么不幸福呢？而看起来像是"鲜花插在牛粪上"，但他们却很幸福，这个事情看不出来的。这就是涌现。耗散结构理论等被称之为自组织理论。

我们哲学科学系的第一任系主任萧焜焘先生在某次研究生入学考试中就出了这么个题目："论自然"。这个题目太宏大了！"论自然"，我们通常把自然跟自然界混在一块说。有的时候说自然，有的时候说自然界。但是实际上它们不是一回事。上一次课的最后谈到这一点。"然"是什么意思？"然"就是过程，这个过程是自己发生的——这就是自然。所以，如果要说中国特色的社会主义跟发达国家走过的路觉得有什么区别，有一点，他们的道路大概就是自然，是自组织的；中国的道路典型的叫做"他组织"，是在党的领导下一步一步走过来的，它不是一个由下而上的自组织过程。通过他组织，希望在方向上能够更加顺利，速度上能够更快。总之，三论研究自然界，空间上的、存在的对象；而新三论研究自然。比较一下自组织理论和自然，"自"是一样的，"组织"相当于"然"。新三论研究自然，老三论研究自然界。对于一个对象的了解，不仅要从它存在的角度来理解，更加重要的是从它演化的角度。如果不知道它是怎么来的，怎么能够理解它的现实？只有通过研究演化才能够研究存在，演化比存在更加根本。

后现代科学要求把普遍的、抽象的、必然的知识回到一个个特定的对象，回到它的语境中。H_2O，这个杯子里面的水难道就是 H_2O 吗？这里面的此时此刻的水与我们通常理解的抽象的 H_2O 有什么区别？后现代科学就是要了解它的不一样的地方。通过化学的原子分子论等等，能够推出这瓶水此刻它的全部现状吗？推不出来。从大千世界抽象出来的普遍性和必然性没法与处于不同语境中的个别的"ABCD"等一一对应。中央"十八大"开完以后，全国各个省市都能够精确地跟"十八大"的精神一模一样执行吗？不可能的。21世纪的科学要求回到具体对象，而且这个具体的对象要回到各自的语境之中，要能够符合个性和各种环境。这是第一个问题，即科学是否具有普遍性。

第二个问题，近现代科学要求能从A预言A′是怎么回事，这就叫做必然性。有这样的必然性吗？能透过初始条件推出它的结果吗？可以看看形形色色的蝴蝶效应。20世纪下半叶之后，科学的关键词中出现了一个"非"，出现了一个"不"。那么在人文社科领域出现了一个什么字？大家都很熟悉，是一个"后"，比如后现代、后工业。近现代科学强调的是实体，到底是什么东西在反应；现在强调的是关系。粉笔是什么？如果没有这个黑板，我们能够知道粉笔是什么吗？21世纪强调的是关系。19世纪强调的是线性、稳定和可逆，而现在是非线性、不可逆、涌现、突变、相对、对称性破缺、非有序晶体；近现代科学中的刚体、质点、理想气体等不过存在于观念之中，现在强调的是混沌、分形、模糊数学、突变论，等等。实际上形形色色的后现代作品，如音乐、美术等都是如此。表现为听不懂的音乐和看不明白的美术。21世纪的哲学研究、学术研究没有合适的词汇，只能够用一堆原来的、精确的概念，让它们在互相矛盾、互相冲突中来描述对后现代的认识。这就是词汇上的匮乏。

3. 复杂性科学方法

从以下三点来比较一下，现代科学方法与传统科学方法究竟有什么区别。第一，传统的科学方法可以清晰排列在两条道路上：归纳在第一条道路，演绎在第二条道路；分析在第一条道路，综合在第二条道路。但是现代科学方法，不知道它在第一条道路还是在第二条道路，它本身是不可分割的整体，覆盖作为整体的对象，贯通研究的全过程。它本身无法区分是第一条道路还是在第二条道路。第二，传统科学方法完全以及仅仅是对思维过程的概括，与对象无关，与学科无关，与特定的主体无关，等等。它不过就是认识过程中对某一段认识过程的一个抽象。但是现代科学方法与研究对象不可分割，它本身也是个复杂性对象，因此现代科学方法具有本体论的基础。这是现代科学方法与传统科学方法的第二点重大的区别。第三，传统科学方法主要用于相对简单的对象，而现代科学方法则用于复杂对象。同时，传统科学方法如果去对待复杂对象的话，那么它只是用于认识过程的初级阶段。对于复杂对象我们一开始可以用传统科学方法，但是我们如果逐步地推进到了高级阶段，就只能够用现代科学方法。这是现代科学方法与传统科学方法的三点区别。其中最重要的一点就是它具有本体论的基础。

那么系统方法与复杂性思维方法有什么区别？系统方法可以归于“老三论”，主要是研究存在；而复杂性思维与方法研究的是演化的过程，一个是自然界，另外一个是自然。复杂性科学主要研究过程、变化、涌现、掌握、协同、分叉、循环，等等。所以系统方法超越了分析和综合，而复杂性思维与方法则超越了回溯与重建。

第一个道路是从现象、个别到本质、共性，越来越深入，依次是分析、抽象、比较、分类、归纳；转折是以直觉为核心的发散性思维，而以演绎为主的第二条道路，由本质回到现实、共性回到处于种种语境中的个性，是建构的道路。这样，通过马克思的两条道路，把这些个别的方法都串在上面，于是这些方法彼此之间就形成了这样一种体系。在参加自然辨证法教程的审稿会上，有人就提出来，传统以演绎、归纳、分析、综合这样的方法，它的理论根据在哪里？它有没有理论上一种更高的抽象？马克思的两条道路把所有的传统的方法都串进去了。

四、逻辑思维与非逻辑思维

再来理解两条道路上的逻辑思维和非逻辑思维。通常认为认识过程有这样的两次飞跃：第一次，从感性到理性；第二次，从理性到悟性。用两条道路的思想来看，逻辑思维是在哪里？逻辑思维是在第一条道路和第二条道路，在第一条道路上，离表象、语境越来越远，而离本质越来越近。这段道路上的方法之所以称它为逻辑思维，首先，因为在这个第一条道路上，整个过程可以细分为一个一个环节，就好像积分可以细分为无数加法一样。第二，思维的形式化，有规可循，譬如说穆勒五法，这是第一条道路。只要在完成第一次飞跃即抽象和分析之后，第一条道路上的方法就是逻辑思维。逻辑思维的特点在于它可以细分，在于它可以形式化，甚至于计算机化，譬如说四色定理的证明等等，都可以经过概括，经过计算机来做出来，实际上当把相应的数据输入到计算机的时候，它就可以得出原子论，甚至得出牛顿定律。

第二条道路主要是综合与演绎。综合与演绎之所以说是逻辑思维，是因为它是渐进的、有规可循的，特别是演绎。两千多年前亚里士多德就将演绎高度形式化：大前提、小前提、结论，还据此写了《工具论》。在同样的意义上，培根写了《新工具》。工具显然是形式化的，也就是逻辑思维。

所以，马克思的两条道路从表象到最贴近的规定和这些最简单的规定回到现实中，这就是逻辑思维。而中间的转折是非逻辑。所谓非逻辑，是跟两条道路的逻辑思维相比较而言的，第一，你能够把中间的转折再继续细分吗？直觉能够分为一段一段吗？直觉来无踪去无影。第二，可以把直觉形式化吗？我们能够告诉你你应如何直觉吗？没法告诉你。非逻辑思维，可以揭示背后的原因和由来。我非常珍惜早上醒来到起床的那个大概十几分钟，我的非逻辑思维就在这个时间段发生。非逻辑思维可以建立起风马牛不相及事物之间的联系。

在非逻辑思维的前后，必须要有逻辑思维。在非逻辑思维之前，如果没有这种长期广泛深入的考察，没有这种积累，功夫不深，铁杵就不能够磨成针。没有众里寻他千百度，就没有蓦然回首。先要知其然，然后才能够知其所以然。从这个角度来看，古希腊的哲人就是缺少了前面的逻辑思维，一下子就直接跳到自然哲学。而牛顿所谓"当心假说"，就是反对没有经过逻辑思维一下子跳到"知其所以然"的那一步。在非逻辑思维的直觉思维之前，必须要有逻辑思维的长期的积累，到达了极端，才有第二条道路。思维过程也有量变和质变，先经过量变然后才有质变。第一条道路的逻辑思维，就是思维过程的质变和飞跃的前提。

在质变之后，需要把直觉的结果条理化，将其中的内涵都揭示和阐发出来，建构起尽可能完整的理论体系，这是在转折的非逻辑思维之后，以演绎为主的第二条道路的逻辑思维。凯库勒，就是得出苯的正六边形结构的德国化学家，在一次演讲中说，先生们，让我们学会做梦，如果我们学会做梦，我们就能够做到发现。他梦到蛇咬住自己的尾巴而得到启示，得出了苯的正六边形结构。在这之前他经过长期的思索，然后才做了这个著名的梦，那就是从逻辑到非逻辑。凯库勒在演说中继续说：但是，先生们，当我们的梦在经过清晰的思维的检验之前，不要公布这个梦。也就是说在非逻辑思维之后还要经过逻辑思维。所以他最终告诉观众的，不是那条蛇，而是那个正六边形的结构。

第一条道路之后，然后是思维的飞跃，两条道路的转折，非逻辑的直觉，接着是第二条道路，逻辑思维。当然了，这一过程不是绝对的，在逻辑思维中随时会有思维的跳跃，比如说不完全归纳，那就是一种跳跃！反过来，在非逻辑思维中，也有逻辑思维的印记，譬如说类比。类比也可以在相当程度上形式化。所谓文武之道，一张一弛。通过严格严谨的思维，也就是"张"，然后直觉都是在松弛的时候产生的。古人云，思之思之，又复思之，思之而不得，鬼神将通之，非鬼神之力也，是精气之极也。这就是由先前的逻辑思维通往直觉。所以，由马克思的两条道路，可以清晰地看到逻辑思维和非逻辑思维各自在整个思维过程中占据一个什么样的位置。

五、两条道路,以及逻辑的与历史的一致

最后,我们讨论一下两条道路与马克思的另外一个重要思想,逻辑的与历史的一致。我第一次提出相关的观点还是在差不多二十年前[①]。首先再次强调,量子阶梯不仅仅是一个空间的关系,而且是一个过程;关注存在的自然界,还有演化着的自然。自然界和自然,更重要的是自然。如果弄清楚这一点,就可以知道,所谓分析,是把整体区分为部分,但是部分是在历史的过程中形成整体的。所以,分析不仅仅是在空间上看它是由什么东西组成的,而且是在时间上对它发展的一个回溯。要弄清楚,分析不仅仅在空间上区分其组成,而且是在时间上探讨它的由来。所谓马克思所说的由一般达到贴近的规定,回溯到各个关节点,然后再回过头来。所谓最贴近的规定,实际上就是演化的各个阶段或者关节点。它有本体论的对应的东西,这就是事物发展的某一个阶段、某一个关节点。这是第一条道路。那么第二条道路,实际上就是在思维中再现这个过程。总之,将第一条道路和第二条道路合起来说,就是在思维过程中对对象生成过程的回溯与重建。这是两条道路的核心的东西。这样一来,对于马克思所说的两条道路,就拥有了一种历史的视野,它不仅仅是一个认识过程的问题,不仅仅是一个方法论的问题,而且与本体结合起来,通往马克思的另一重要思想,就是逻辑的与历史的关系。

在马克思关于历史的逻辑的研究过程中,还要注意马克思所说的关于历史的东西,包括两种情况,一个是客观事物本身的发展过程,另外一个是认识过程。相应于这样的两个历史的东西,就有两个逻辑的东西:第一是对客观事物的把握,比如有自然史就有科学,有社会的发展史就有社会学、经济学等;第二就是对认识过程的把握,譬如说,科学史的研究对象就不是客观的自然界而是科学的研究过程,等等。有两个历史的东西,相应的有两个逻辑的东西。

我们分别讨论逻辑与认识过程的关系,以及逻辑与客观事物本身的发展关系,先讨论前者。毫无疑问,马克思所阐述的两条道路,本身就是对人类认识过程的一种抽象的提炼,它是一种逻辑的东西。你、我、昨天、今天,我们对不同的事物都有自己的不同认识过程,这是客观存在的历史的东西。但是马克思所总结出来的两条道路,就

① 吕乃基.论自然科学与自然史的关系[J].科学技术与辩证法,1992(2):27-30

是对形形色色的认识过程的一种抽象、概括、提炼。它本身就是一个逻辑的东西，那么在这个情况之下，逻辑的东西与历史的东西是什么？历史的东西是所谓第一性的、在先的，而逻辑的东西是第二性的、在后的；历史的东西充满了偶然、曲折、重叠，甚至于倒退等等，但是马克思所说的两条道路概括出一般的东西，有大量的例子可以说明这个问题。逻辑是对历史的一种抽象、概括、提炼、浓缩，抛弃了曲折、倒退、偶然等等，找出了它的规律。

然后再讨论逻辑与客观事物演化过程的关系。前面讲过，第一条道路是对客观事物演化过程的回溯，与客观事物的发展方向相反，是从客观事物的发展结果开始，追溯到它的起点。当追溯到它的起点之后，认识回过头来。第二条道路与客观事物的发展一致。

刚刚讲过了马克思的两条道路与我们的思维过程、认识过程在全程一致。但是与客观事物的演化过程又怎么样？第一条道路相反、回溯；而第二条道路一致，从回溯到一致。举科学史的例子来进一步说明，两条道路与客观事物演化过程的关系。古希腊自然哲学的始基演化说，无论是德谟克利特的原子，还是亚里士多德的元素，赫拉克利特认为的万物本原的火，还是泰勒斯心目中的水，等等，由这些形形色色的始基演化成万物，这就是始基演化说。各个门派的古希腊哲学就是形形色色的始基演化说。好了，看到了吗，不涉及细节，古希腊的始基演化说在总体上与量子阶梯的生成过程是一致的。古希腊的自然哲学与自然界的演化保持一种原始的一致。

到了近代之后发生了什么变化？生物学从哪里开始？生物学从分类开始，然后是个体，个体由什么东西组成？由解剖观察到各种器官。器官由什么构成？由显微镜看到细胞。继续看细胞里的细胞器，有细胞核，细胞核里面有 DNA 和蛋白质，DNA 和蛋白质由什么组成的？核苷酸和氨基酸。这个过程是否沿着生物演化过程回溯？这就是第一条道路嘛。化学从哪里开始？从空气、水、矿物、有机物开始。它们是由什么东西组成的？分子。分子由原子组成，到 20 世纪初，发现原子由核与电子组成。所以，近代科学的发展是沿客观事物的生成过程回溯，第一条道路与自然界自身演化方向相反。克尔凯郭尔说过，生命的奥秘在于生是向前的，理解却是向后的。马克思所说的第一条道路就是回溯。古希腊是原始的一致，从近代开始回溯，从原始的一致到回溯，这就是近代科学革命。

怎么来理解物理学？从近代一直到二十世纪初，物理学研究的是各种各样的力，而这样的力与具体的物质无关，也就是所谓基本物理运动，机械运动、热运动、电磁运动，这是近代物理学。进入 20 世纪，物理学的一支依次与化学、生物学等相结合。化学与物理学结合起来，讨论核与电子如何形成原子，这不就是量子力学吗？进一步，原子与原子如何形成分子？这是量子化学。分子与分子、氨基酸、核苷酸如何形成蛋白质，DNA进一步如何形成生命，这是量子生物学和分子生物学。所以说，20世纪科学回过头来，由第二条道路在思维中重建对象。物理学的另一支继续向下，找到了核、质子和中子、夸克，进而希格斯子，物理学还将寻找更深层次的点，寻找奇点。是不是在里面还蕴涵着新的革命？不清楚。

近代科学革命，从古希腊原始的一致到相反；现代科学革命从相反又到一致，两次转折就是两次科学革命：近代科学革命和现代科学革命。有人把19世纪下半叶电磁理论、周期表等都称之为科学革命。从马克思的两条道路来看，科学史上科学研究方向的两次根本转折，这才是革命。即从古希腊原始的一致到相反，从相反到一致。实际上各门学科的教科书也正在发生一系列的变化，教科书是什么？逻辑的东西。譬如说我上世纪60年代在大学里面所学到的化学，我学的无机化学是从哪里开始？从水、从空气、从波义耳定律、亨利定律这样的东西一步一步下来的，最后讲原子结构。这样的一套体系与什么东西是一致的？与化学史、与认识过程一致，但是与客观事物本身的发展相反。现在，在座的各位还有在学无机化学的，从哪里开始的？一开始就是原子结构，然后是各族元素及其化合物，逻辑结构与客观事物的演化相一致。当年我们学的生物是什么？植物或者是动物它们的整体，或者它们有什么器官，器官里面有什么东西，最后是什么，细胞核、细胞等等。现在反过来，从一开始就从DNA开始。所以说，逻辑经过了马克思所说的两条道路，先与客观事物本身的发展方向相反，然后走向一致。

现在再来看复杂性思维的方法。由上分析可以再次认识到，复杂性思维方法与传统思维方法的最大不同之处在于它的本体论基础。它是在逻辑与历史一致的过程中逐步发展起来的，它不是在向下的第一条道路过程中，而是在向上的第二条道路过程中发展起来的。

黑格尔有句话是这么说的，在科学上最初的东西也一定是在历史上最初的东西。撇开唯物与唯心之争不论，这句话涉及逻辑与历史的关系，科学即逻辑的东西。科学应该从哪里开始？从客观对象本身的起点开始，这样才能够真实地再现客观对象的演化过程，真实地把握客观事物的现状，而不是相反。

所以逻辑与历史的关系，就逻辑与认识过程而言，逻辑与认识过程总是一致的，当然二者只是基本上一致。逻辑是认识过程的抽象，在整体上跟认识过程相一致。但是，就它与客观事物的关系而言，必然会经过相反、回溯，然后再回过来一致，最终达到逻辑、历史和认识过程的三者一致。

马克思的两条道路非常深刻，他本人的这一思想是在《政治学批判》这样一本书的一篇文章里面谈到的，但它具有极其丰富的内涵，适合于广泛的领域。两条道路的思想如果能够跟其他领域相结合，将对后者起到提升和提纲挈领的作用；反过来，也会使两条道路本身的内涵得到丰富，它的价值得到了体现。

前两天正好听了许建良老师的中国思想伦理史这门课，说实在的，我从来对中国传统的伦理道德不以为然，儒家或孔子的伦理道德到现在还有用吗？特别是当代的伦理，在座的有不少伦理学的研究生，我觉得伦理学有太多的官方色彩，它是一门学问吗？所以我经常片面地排斥。但我听了许建良老师的课以后感觉自己第一次接触了原生态的道和德，看这一句话，"虚无无形谓之道，化育万物谓之德"。我突然醒悟过来，两条道路，第一条道路就是虚无无形，把所有有形的东西统统去掉，难道不是吗？这就是道。最终得出了普遍的、永恒的、超越一切的规律，这就是道。而第二条道路，化育万物，什么叫化育万物？重构，在我们思维中重新建构这个过程。我刚才说到了要从实践论的角度去理解两条道路，如果从实践的角度去理解两条道路的话，那么化育万物就是一个实践的过程，而这样的一个过程就是德。正是在这样的过程中主体参与进去了，道在于虚无无形，德则重新回到了万物。所以马克思的两条道路不仅与科技哲学相通，而且与中国的道与德相通。道就是第一条道路，德就是第二条道路。目前中国的诚信缺失，道德出了问题，其中的原因或者是将道德混为一谈，或者只讲德，不讲道。道与德密切相关，却不能彼此混淆。德必须以道作为基础，脱离道的德，它是德吗？譬如说我们市场经济中诚信缺失的问题，首先要把市场经济的道说清楚。脱离了这样的道谈什么德呢？德必须以道作为基础，在道的基础之上才有所谓的德，否则这个德一定是虚无的、歪曲的或者是荒谬的。

由此再次看到马克思的两条道路所具有的普遍的价值。

三、技术哲学

第三讲 人工自然的存在方式和演化方式

（耿飒膺整理）

上次课谈的是马克思的“两条道路”。可以由两种情况来理解两条道路，其一是回溯和构建，其二是抽象和重新回到现实当中去。还可以在此基础上有所扩展，比如说，从黄河、长江、密西西比河，以及由实验室的研究中抽象出流体力学，然后再根据流体力学，根据地质学及需求建筑三峡大坝。这样的两条道路，不是一种回溯和重新构建的过程，而是一个抽象的过程和工程建设的过程。这一点与我一直强调的两条道路的实践意义密切相关，是两条道路的实践价值。人工自然和人工自然界是人类生存和演化的新的基础和出发点，我对马克思的这句话“人类学意义的自然界”非常重视。外面的花草等等是自然界，但是书桌、电脑、汽车、住房，这才是人类学意义的自然界，既然如此，我们就必须研究这样一个“自然界”具有什么样的规律。研究人工自然就必然涉及技术哲学。什么是技术哲学的研究纲领？拉卡托斯的研究纲领能否用于讨论技术哲学，能否用类比科学哲学的研究纲领来构建技术哲学的研究纲领？回答是：拉卡托斯的研究纲领未必适合于技术哲学的研究领域，最后会谈到这个问题。技术哲学的研究纲领不可能在科学哲学研究纲领这样一个意义上来构建。它们属于完全不同的领域。不同在什么地方？从根本上说，科学哲学主要是在认识领域，而技术哲学主要是在实践领域，没法以科学哲学研究纲领的严格意义来构建技术哲学的研究纲领。那么怎样来构建一个技术哲学的研究纲领呢？以科技黑箱为核心，向两翼展开。所谓两翼，一翼——研发、创新、生产，另外一翼——消费、应用、影响社会。最后核心和两翼整体提升。通过这样的一个途径来构建技术哲学的研究纲领。我们接下来就谈“体”和两翼的问题。

一、人工自然的存在方式

1. 科技黑箱

模仿自然哲学研究自然界的存在方式和演化方式的路径，人工自然的存在方式

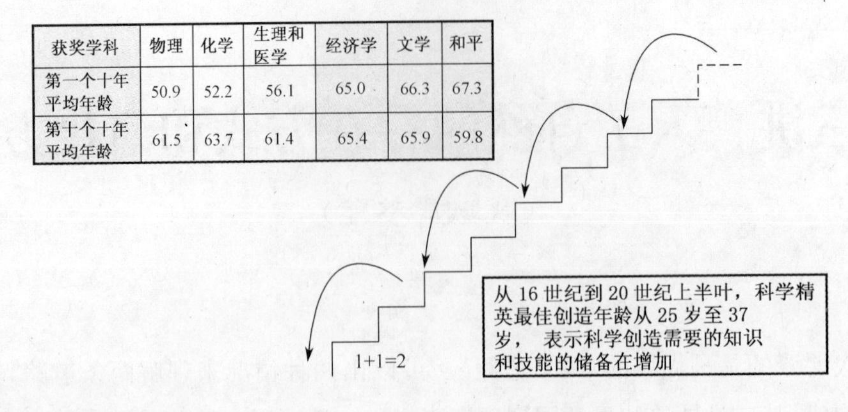

获奖学科	物理	化学	生理和医学	经济学	文学	和平
第一个十年平均年龄	50.9	52.2	56.1	65.0	66.3	67.3
第十个十年平均年龄	61.5	63.7	61.4	65.4	65.9	59.8

图 3-1　知识的积累性壁垒

是什么呢？就是科技黑箱和由科技黑箱组成的人工自然的生态。

先谈一下关于知识的积累性壁垒，如上图，从 16 世纪到 20 世纪，科学精英的最佳创造年龄在增加，表明科学创造所需要的知识的技能储备在增加，必须积累更多的东西才能进行创新。第二，诺贝尔奖获得者的年龄，从 20 世纪第一个十年时候这样的岁数到最后一个十年的这些岁数，这样的年龄的增长，说明了什么问题？就是做出发现所需要的知识储备不断地增长。请大家注意这样一个问题：物理、化学、生理和医学的获奖者，他们的年龄在增长，但经济学、文学和和平的获奖者，他们的年龄基本上没有增长，或者还有所减小，为什么物理、化学、生理和医学的获奖者，他们的年龄要增长，而文科的不增长呢？我们先不谈这个问题。东南大学刚刚经过 110 年校庆，机械学院的学生在 110 年前从机械制图开始，现在的学生依然从机械制图开始，当时的学生两级楼梯就到顶了，现在的学生不仅要学这些东西，还有机器人、C＋＋语言、程序、自动化等，需要学更多的东西才能达到顶点。所以现在就不得不把高端知识不断下放，譬如大学的微积分下放到高中，高中的下放到初中、小学、幼儿园，幼儿园的知识下放到哪里？胎教。我们恨不得穿越到前一辈子就把这一生的知识学了，这就是知识的积累性壁垒。

那么会不会发生这样的情况？一个小孩从上小学开始一直在学习，一直上到四十岁、五十岁，依然到不了顶，如果是这样的话，我们的人类是否还能创新？知识不断在增长，特别是在科学领域、技术领域。于是就有了科技黑箱的概念，录音笔、手机、数码相机、摄像机等都是科技黑箱。当我移动鼠标的时候，我是否要清楚在芯片上发生的变化？是否要知道凝聚态物理学、PN 结或者电子与空穴的流动，或者 C＋＋语言呢？都不需要。只要按照规则操作，就能得到预期的结果，这就是科技黑箱——知识集成于其中。科技黑箱让知识得到最广泛的共享和传播。试想，如果全世界使用电脑的人都需要知道了解其中的全部知识，那还有几个人会买电脑、用电脑？只要知道规则，就可以运用。所以科技黑箱让人类，让后进者，让年轻人能够一步登顶，直接站在比尔·盖茨的肩上，站在乔布斯的肩上，科技黑箱让我们能够跨越知识的积累性壁垒。知识封装于科技黑箱之中，不知道背后有什么知识，但是不妨碍应用。

有一句广告词是这么说的，你只需要按一下按钮，剩下的交给我们来做。让机器工作，让人们思考，这就是科技黑箱。所以发达国家的教育是什么？小孩从小开始广泛地使用电脑，他们的观点就是，机器能做的就不需要人来做。人做人该做的事情——创新，这些记忆性的东西统统交给机器，交给网络，人来做创新的东西。所以他们站在顶上，继续前进。中国的小孩却不得不沿着楼梯一级一级往上爬，为什么要这样？因为高考是无法避免的事情，由此马上就会想起那首歌，《蜗牛与黄鹂鸟》，当中国的小孩像蜗牛一样往上爬的时候，国外的小孩就能一步登顶，科技黑箱能让人类克服知识的积累性壁垒。

科技黑箱就是人工自然的存在方式，单个的人工自然就是以科技黑箱的方式存在的。这里还存在问题，它安全吗？可靠吗？当使用电脑时突然死机，前面的工作都白做了，网络不通，什么都完了。另外，发达国家使用科技黑箱，他们是不是真的不了解里面的东西？如果不了解里面的东西，又如何创新？科技黑箱里面的东西究竟是学还是不学？以及学到什么程度？这些问题还有待进一步分析。在这里，可以比较一下南京大学、东南大学和一个职业学校。南京大学发现规律，东南大学将这些规律加以选择，根据需求做成科技黑箱，制定出使用科技黑箱的规则，伦理学家告诉我们，使用这些规则的时候还应该注意哪些规范。这就是从规律到规则到规范，至于职业学校，他们主要在于使用，在一般情况下不需要了解里面的规则。对于流水线上的工人，他们按一下按钮就进行生产。另外一个问题，每当一个新的发明出来了，先前的知识楼梯就会在相当程度上改写，当年的计算机语言，现在还有吗？站在一个新的高度上来看，当年一步步要爬的楼梯，恐怕就没有那么多级了，所以要找到关键的若干台阶，以及这些关键的台阶随着新的知识台阶的出现会发生变化。新的问题是，知识如何压缩，哪些知识台阶可以省略，哪些知识台阶可以跨越？

2. 技术生态

接下来的问题是，单个的科技黑箱，彼此之间是什么关系？如何相互联系起来？这就是技术生态。自然界有生态，人类自己创造的这一切同样有“生态”。可以从以下方面来了解科技黑箱彼此间的关系，也就是人工自然的生态：第一，产业链，从研发、制造到消费；第二，供应链；第三，价值链；还可以有其他的“链”。所有这些有没有一个标准？这些产品彼此之间是否兼容？譬如现在电脑上的东西如果不能与微软兼容，手机不能与安卓兼容，或者和其他东西兼容，那么就可能卖不出去。技术生态，科技黑箱彼此之间形成一个链条，链条上的各个环节，链条和链条之间所形成的网络，有标准的存在，以及各个产品间的兼容。整个技术趋于一体化，其一端作用于自然，另一端为人类所用。一端纳入自然界的生态，另一端人机界面友好。上节课中提到这样一个问题，为什么人类现在还找不到外星人？如果他们确实存在，我们为什么找不到呢？会有许多解释，现在最新奇的一种解释是，因为他们的技术已经先进到这样的程度，完全与生态融合，以至外界譬如地球人根本看不出来。技术生态内部各部分，上、中、下游，一、二、三产等等相互兼容，倾向于有自己的动力、体系，甚至目标，倾向于引导需求，而不是被需求所引导。苹果公司的产品是在引导需求，还是在需求之下才有的呢？

具体而言，技术生态可以从纵、横两个方面来理解。横向上，科技黑箱可以分为三种类型，即动力机、工作机和控制-学习机三部分。有些科技黑箱本身就包含其中的两或三个部分。这三个部分也可以从另一个相关的角度来理解，也就是材料、能量和信息，分别关系到科技黑箱的载体、动力和控制。形形色色的科技黑箱彼此间就趋于形成黑格尔所说的“内部有差别的一”。既不是彼此无关的一盘散沙，也不是铁板一块，各种科技黑箱之间通过功能耦合相互关联。所以在技术的发展过程中，任何欠缺都会得到执行所缺失功能的新技术的填补。此外，它还具有“外部性”，特别是IT。掌握并应用的人越多，就越是强大。技术生态具有自我扩张的能力。譬如说大家都用word，那么不用word的人他的工作就没法与他人兼容。我用电话，如果大家都不用，我的电话等于零；而使用电话的朋友越多，我的电话的效益就越高。这就是外部性。这就是从横向的角度来了解技术生态。

纵向上，可以从三个角度来理解技术生态。第一，按马斯洛的需求层次理论，技术从满足生理需求到满足精神需求，譬如从此刻我喝的矿泉水，到现在上课所用的电脑和投影仪等。技术生态需要覆盖人由生理到心理的全部需求。这里的上、下向因果关系是从主体的角度来理解，就技术本身来说，矿泉水并不成为投影仪的基础，后者也并不制约和引导前者。第二，由某某技术到某某“业”。如化工技术、金工技术、电工技术等，这样的技术虽然也受到社会需求的引导，但相对而言与科学与自然界的关系更近，受到科学发展的直接推动。而房地产业、纸业、食品业、纺织业等，虽然也受到技术发展水平或制约或推动的影响，但相对而言主要受社会需求选择和拉动的直接影响，以及需要整合多项技术，例如农业、畜牧业，以及几乎无所不包的工业、后工业。农业技术是农业的基础，农业选择和引导农业技术。因而在这一纵向关系上，量子阶梯的上、下向因果关系基本成立，不过又有所不同。一方面，如电工技术可以说是所有“业”的共同基础；另一方面，某某“业”则往往包含范围广泛的技术。第三，从自然界到社会的序列，一产、二产、三产。在一、二、三产的纵向关系上，存在由下而上的直接关联，也存在由上而下的渗透和引导。此处与量子阶梯上下向因果关系之异同还有待进一步研究。

上述纵向的联系，从计算机的“7 层”，从物理层—操作系统—应用软件……到嵌入式软件的“7 层”及其彼此间的关系中可以得到进一步说明。上向因果关系是，低层是高层的前提和基础，但并非低层的相互作用产生高层次。下向因果关系是，高层次对低层次进行选择和操作。还可以进一步这样理解，计算机的最下层是客观的，最顶层是主观的。最下层是物质的，最上层是精神的。最下层没有结构只有质料，例如0101，最上层有形式，无关乎它的质料。什么样的质料都可以储存信息。

二、人工自然的演化方式——宏观视角

下面我们来了解人工自然的演化方式，可以从宏观和微观两个角度来理解，先考察宏观视角。

怎样理解由钻木取火到计算机的发明，是谁比谁更重要吗？放在当时的语境下，火的发明其重要性丝毫不亚于计算机的发明，意味着人类跨进了文明社会。车轮的发明，近代抽水马桶、拉链的发明等都具有重大影响。据说，青霉素在两次大战期间挽救的生命超过战争中直接死亡的人数。既然如此，那么比什么呢？

第一，自古至今，技术发展的方式不同。可以从以下几方面来理解：

发展速度不同。从远古一直到工业革命前，技术的发展极其缓慢，如果不是说停滞不前的话，现在的技术发展则是加速发展，越来越快。这里马上引出一个问题：技术的发展可以一直无限制加速下去吗？如果不行，那就意味着会有一个拐点，技术将走“S”形发展道路，最后面临一个天花板，也就是技术的极限。技术的发展有没有极限？这里是否有一个貌似的悖论？问题可以这样来看：单项技术有极限，技术整体无极限。单项技术，譬如说芯片的摩尔定律，18 个月翻一番，可以一直翻下去吗？散热怎么解决？器件的尺寸越做越小，彼此间的距离越来越近，隔离越来越困难，最后面对隧道效应。这就是单项技术有极限。不过，全新的计算机，如生物计算机、量子计算机等已经在遥远的地平线上初露曙光。当一项技术在它的轨道上走到尽头时，在

摇篮里新的技术正在孕育之中。

发展的基础和机制不同。以往技术发展的源泉主要是生产实践和日常生活,依靠偶然发现。例如鲁班爬山,手被柔嫩的小草割破,发现小草的边缘的锯齿形,于是发明了锯子。现在的技术则有理论基础,虽然也有偶然发现,主要是有计划有步骤地推进,例如"863"计划、星火计划等。

再者,往日的技术是零碎和分散的,现在的技术则形成纵横交错复杂的生态。上面已经说到这一点,下面还要提及。

第二,从运动形式的角度来理解技术的发展。

图 3-2 中,横坐标是时间,纵坐标是运动形式,所谓运动形式相当于第一节课提到的量子阶梯,意识运动相当于人、个体,生命运动相当于各种各样的生命形式,化学运动相当于原子和分子等。什么叫基本物理运动?就是机械运动、电磁运动和热运动,这些是所有运动的共同基础。此外还有宇观和微观的物理运动。高级运动包含低级运动。我在思考,那么我一定是活着的,这或许是"我思故我在"的另类解释。我活着,体内就一定有化学反应,同时一定包含了机械运动、热运动和电磁运动。远古时期人类驯养动物,相当于生命运动。中世纪前,中国的炼丹、西方的炼金,还有中国古代的造纸、火药,这些发明大概相当于化学运动。顺便说,同样是化学运动,为什么中国人炼丹,西方人炼金?其一,中国是自然经济,对货币的需求不强烈;西方是商品经济,自然炼金。其二,中国人的"天人合一"和道家传统。其三,中国的官本位,最高

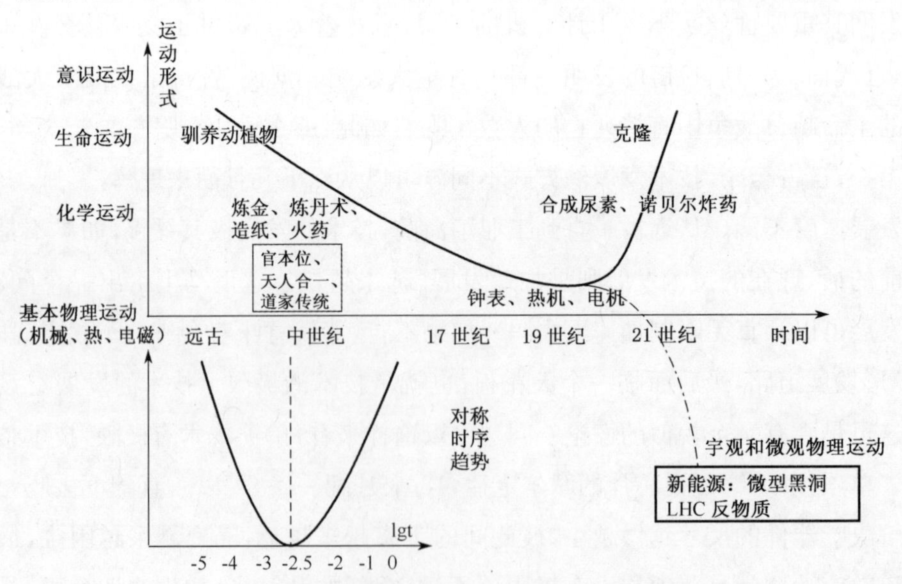

图 3-2 技术的发展规律——运动形式的视角

是皇帝。做到皇帝还用得着钱吗？要紧的是权力的延续，所以炼丹。由此可见，同样的技术在不同的文化背景中就演化成不同的形式。这就是科学无国界，技术有国界。再回到正题。到了十七八世纪，钟表已经做得很精致了，这是机械运动，瓦特的蒸汽机和 19 世纪的内燃机，这是热运动，西门子的电机，这是电磁运动。经过这个转折到了 19 世纪，合成尿素、诺贝尔炸药，又上升到化学运动。到了 20 世纪末，克隆技术则是生命运动。技术的发展走了一条由高级运动到低级运动再到高级运动的道路。这是从运动形式的角度来了解人工自然的演化。

第三，从彼此间关系的角度来了解。

工作机—动力机—控制学习机。远古时期的人工自然主要是工作机，比如黄道婆的纺织机，需要人来操作，需要外部的动力：人力、风力、水力和畜力，等等。近代，在第一次和第二次工业革命中出现了动力机，即蒸汽机、内燃机和电机等，仍需要人来操作和控制。到了 20 世纪，在工作机和动力机发展的基础上出现了控制学习机。控制，在于负反馈，学习则在一定程度上可以正反馈、柔性化生产。这一过程从另一个角度来讲，就是由材料经能源到信息。材料、能源和信息被称之为人类社会的三大支柱。远古到近代，经历了石器时代、青铜时代和铁器时代，以材料来标志时代的变迁。两次工业革命标志能源成为人类社会舞台上的主角。进入 20 世纪，随着以信息技术为核心的高技术的发展，信息的地位越来越重要。

技术的个性与个性间的关系。古代的技术各有个性，但彼此间无关。例如我做一只碗，符合我的胃口和审美要求；做一把锄头，符合我的身高和力量大小。技术适用于当地特定的自然地理条件和居住者的特定要求，但是彼此间无关，各部落或在地理上以邻为壑，或因自然经济自给自足没有交换。技术有个性而彼此间无关，也就是黑格尔所说的“杂多”。工业革命以后，出现了无个性、线性相关的情况，这就是标准化、大批量、可替代。20 世纪初，在英国伦敦有一个著名的现场展示：两辆凯迪拉克车把全部零件拆开再混在一起，装配起来后马上开走，充分展示了标准化和可替代。福特声称，不管顾客有什么需要，我生产的汽车就是黑的。不过福特生产的汽车不是自己用，而是为了交换，但这些汽车都是一样的，这也就是黑格尔说的“内部无差别的一”。现在又出现了新的变化。一方面设计者和生产方展示其个性，例如乔布斯心目中的苹果产品、悉尼歌剧院、上海东方明珠等；另一方面消费者追逐个性，譬如在座的女生会去专卖店挑选自己心仪的服饰。再者，高技术的发展使得个性化成为可能。这就是非线性相关，黑格尔称之为“内部有差别的一”。由“杂多”经“内部无差别的一”，到最高境界“内部有差别的一”，经历了一个否定之否定的发展道路。中国人的

“和而不同”看似“内部有差别的一”，然而没有经历这样的发展历程而在实际上处于相对停滞的状态。

第四，技术的“进化树”(如图 3-3)。

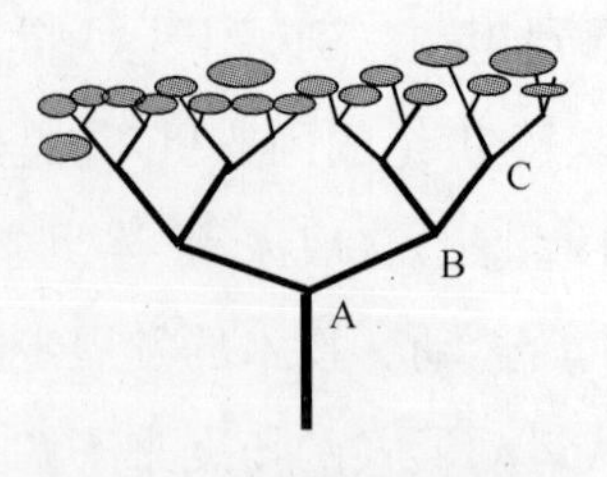

图 3-3　技术的“进化树”

技术的发展就如同这棵树。人工自然的进化与生物的进化非常类似，形成了类似生物进化树这样的“技术之树”。总体而言，人工自然的进化就是人化的过程，朝着人的方向，满足人的需求，最后越来越接近人。由此可以提出“人工度”的概念。简单说，人工度就是在人工自然中注入人的因素，如意志、情感和知识的程度，人工自然“似人”的程度，以及人机界面友好的程度。技术的发展就是人工度越来越高的过程。

技术的发展还有一个自组织和他组织的关系。为什么现代技术的发展出现了很多的问题？原因之一就在于，它没有形成循环。回顾第一讲所谈到的宇宙的演化过程(图 1-2)，可以看到一个循环接着一个循环，每一个循环既有进化的部分又有退化的部分，退回去的部分形成下一个循环的开端，所以在人之前的漫长的岁月，自然界由奇点大爆炸生成原子、分子，生成有机物，一直到各种各样的高等生物，没有给自然界造成什么危害。有了人之后就出现了问题，关键就在于人所创造的技术，所使用的技术，由此所产生的影响没有构成循环。所以技术未来的发展必须走循环这条道路。进化以退化为代价，没有退化的发展是不可延续的。

三、高技术

下面来看高技术。通常认为高技术有六大技术群，分别是：生物技术、信息技术、能源技术、材料技术、空间技术、海洋技术。为什么高技术有这样的六大技术群呢？可不可以拿掉其中的一两个？或者反过来问，只留一两个，如果这一两个也拿掉就谈不上是高技术了。大家的回答可谓是众说纷纭、各有千秋。不管怎么说，这一点本身说明，高技术的六大技术群彼此在高技术整体中的地位和作用不尽相同。

1. 高技术的“结构”

六大技术群之间也形成一种“生态”。上面已经说到，材料、能源、信息是人类社会的三大支柱。信息技术是高技术的核心。信息的定义太多了，简单说，信息就是物质和能量在时间和空间的分布，分布的不均匀就是信息。譬如说，东南大学各院系、各部门在九龙湖校区空间上的配置就传递了一种学校执政者特有的理念。能源是高技术的支柱，虽然能源技术是古老的技术，但高技术需要高能源，例如清洁、功率更强大等。材料技术更为古老，任何技术都需要特定的载体，因而高技术对材料提出更高的要求。生物技术是信息、能源和材料三大高技术的综合。在DNA和蛋白质中储存了海量的信息，生物对能量的利用率最高，例如萤火虫几乎可以把化学能100%转化为光，至于材料，譬如生物元件计算机。生物技术代表了21世纪上半叶高技术发展的方向。海洋和空间技术在于扩展人类生存领域，获得更多资源，譬如“海上江苏”。涉及主权的钓鱼岛、黄岩岛等，寸土不让。空间技术和海洋技术是另四项高技术在这两个特殊领域内的应用，在应用的过程中，反过来也推动了它们的发展。比如说“神五”、“神六”推动了材料、能源、信息技术的发展。这就是高技术的结构，六大技术群分别在高技术整体中、高技术生态中占据了特殊的地位。

2. 高技术的特征

众所周知，高技术具有高投入、高附加值、高风险、高情感、高知识含量、高渗透，以及周期短等特征。为什么高技术具有这些特征？高技术的这些特征都能在技术的发展中找到其依据。以下逐项来看。

先回过头来看那棵“技术之树”。这棵树越往上长越怎么样，看得出有什么规律吗？

第一，越往上长，分叉越多，这意味着越发展，技术之间面临的竞争就越发激烈。譬如说取暖，远古人类的祖先有一堆火就可以了，虽然是“火烤胸前暖，风吹背后寒”。后来出现了炉子，又出现了油汀、红外线取暖器和空调。做空调的厂家不仅要和其他空调厂家竞争，而且要与油汀、红外线取暖器，甚至古老的炉子竞争。不知道谁能够在竞争中胜出，这就是高风险，以及需要高投入。不过一旦脱颖而出，譬如“苹果”，自己开拓了一个市场，在这个市场中独步天下，这就得到了高附加值。苹果由企业自己定价，定一个垄断的高价，这就是高附加值。苹果的高附加值来源于自己创造的市场独步天下。而不像四川长虹的电视机是在原有的市场中竞争，只能由市场定价，定一个竞争价。

第二，树越往上长，分叉之间的距离越来越短，这就是推出新技术的周期越来越短。

第三，越往上长，每个分叉变得越来越细。这就意味着个性化，特殊的技术给特定的用户。个性化就是高情感，满足个体的特殊需求。

第四，枝叶彼此之间越来越相关，越来越密切，越来越形成技术的生态，就是前面说到的“内部有差别的一”。通常说高技术高风险，我的观点是单项技术高风险，单个企业高风险。高技术整体高稳定,因为它形成了一种生态,生态越复杂就越稳定。如果从这个角度理解,传统的工业技术是在整体上危险,因为标准化、大批量,统一规格,一旦出什么事情,有可能全军覆没。其典型是在工业化思路影响下的农业和畜牧业,只有少数几个品种,若是遭遇病毒和虫害,彼此间没有隔离,便会迅速在大范围传播。高技术因为多样化,形成一种复杂的生态,所以单项技术高风险,高技术整体高稳定。越往上长,越来越开放,传统的工业技术边界清晰,现代技术的开放性越来越高。一项技术从别的技术得到的支持越多,对别的技术的支持也就越多。

第五,再看在这颗"技术之树"上,越靠近树根,主要从土壤汲取营养,越靠近树梢,从阳光雨露光合作用中汲取营养,在技术之树上位于不同位置,它汲取营养的方式是不同的。微软的创新和乔布斯的创新都在 IT 界,他们之间还是有很大差别。相对而言,微软的创新较为靠近树根,它是从数学上、从代数上、从科学上汲取营养,就如同这棵树从土壤由下而上汲取营养;而乔布斯的创新更多是从需求汲取营养,从使用的方便和心理感受等获取灵感和动力。

这就是"技术之树"给我们的启示。

高技术的其他特征同样可以在技术的发展规律中找到答案。从前面讲到的"工作机-动力机-控制学习机"的关系可以理解"高渗透",当年瓦特就看得很清楚,"我的蒸汽机是万能机,可以和任何工作机结合"。现代的 IT、高技术的其他技术群、生物技术,同样可以和所有的传统技术相结合。前面所提及的"技术的个性与个性间的关系"所涉及的"个性"自然就涉及高情感。

从图 3-2 中还能看出问题,上图横坐标没有等分,实际上若是横坐标严格等分,就做不出这个图来。远古一直到近代基本上是平的,然后陡然上升。现在将上图转化成下图,横坐标以对数表示,就能发现其有三个特点。

首先是高度对称性。所谓对称就是凡是历史上出现过的,在转折之后又出现了。由图中的对称轴可以说明高知识含量。历史上驯养动植物,但对于此是知其然而不知其所以然,或者说没有知识含量。但是现在,每前进一步,都要以得到的全部知识作为其支撑。比如克隆,难道仅仅是生物技术吗?它包含前面的一切知识,这就是高知识含量。

其次是时序。一项技术在历史上出现越迟,转化为现代意义的技术就越早。比如说火药,到 19 世纪下半叶得到解释。在历史上出现的时间越早,转化为现代意义的技术就越迟。例如更早的时候驯养动植物,更迟的时候克隆技术。

最后,未来的发展趋势。生物技术正在并且已经向我们走来,由此可以判断,农业有可能成为一个新的增长点。历史上，农业曾经辉煌，正是由于农业，人类才从原始狩猎、采集走向定居，掀起"第一次浪潮"，从此进入文明社会。但是工业化崛起以后，农业为什么成为弱势了呢？因为农业无法标准化、统一规格，无法大批量生产。每块地、每年的情况都不一样。在现代，有了 IT，有了高技术之后，这种弱势有可能发生重大的变化；相反，工业则会成为弱势。因此农业在未来有可能会成为一种新的发展方向，并以新的农业来改造工业。回过头再来看高技术的结构，所有这些技术都要通过先进制造技术将其做出来。所谓先进制造技术，主要包括绿色、精确、柔性、综合等，最新出现的 3D 进而 4D 打印的发展势头方兴未艾。科技部部长万钢曾在江苏做一个报告，谈到了其他几个高技术发展的方向：低碳、民生技术、非传统安全领域以及"三个深"——深空、深海、深蓝。这是从应用层面来看高技术的趋势。

高技术是一个相对概念还是一个绝对概念呢？除了六大高技术以外，下一个高技术是什么？将图 3-2 中曲线的右侧继续向上延伸，看看对应的纵坐标是什么？意识！尚未到来的高技术就是意识技术。如果高技术的下一步发展是意识技术，我们可不可以推断人类的祖先曾经拥有这种技术呢？譬如说九阳真经功、乾坤大挪移，譬如说《星球大战》中的"意念"。人类曾经拥有这种能力，然后在漫长发展过程中失去了，今后将在科学技术的基础之上，重返伊甸园，所以神话有它的价值，这也是我们从图 3-2 中看到的——对称、时序和趋势。21 世纪中叶，意识技术将登上舞台。美国在本世纪初已经提出会聚技术。会聚了纳米技术、生物技术、信息技术，以及非常重要的认知科学。纳米技术和生物技术从硬件上做，信息技术和认知科学软硬兼施，这将成为一个新的转折点。在思维的高度、纳米的尺度、生命的机理和信息的视角，它是高技术发展的最高阶段。继续追问，在会聚技术之后是什么技术呢？图 2 中所显示出来的"对称、时序和趋势"提示我们，到人类历史的深处去寻觅和发掘未来技术的源泉和灵感。以上是从技术发展的宏观角度来理解它的演化过程。

四、人工自然的演化方式——微观视角

在微观上可以从很多视角探讨人工自然的演化方式，例如心理学等。目前的研究集中在各种技术创新理论。

谈一些基本的想法。第一，自举。电脑的开机过程是一个自举的过程。个体发育再现系统进化，人类胚胎的发育过程再现了人类进化的过程。由电脑的开机过程这一个别和微观的技术或许可以窥见 IT 整体发展的某种轨迹。第二，发散与收敛。

由"286"后的一系列发展可以说明这一点。第三,硬件软件化,软件硬件化。IT 的发展,甚至整个科技黑箱的发展都是如此,不断在软硬件之间交替。当硬件跟不上发展时就打开硬件,打开科技黑箱,发展替代硬件的软件,而软件发展成熟时,为了运行稳定而做成硬件或新的科技黑箱。第四,吸引子(网络上的节点),iPhone 就是一个吸引子,瞄准需求做一个高端,一头把其他技术集成于一体,另一头满足消费者的多样化全方位需求。

五、技术与人的关系

将下图中的左图横过来看,就是普利高津的分叉图。

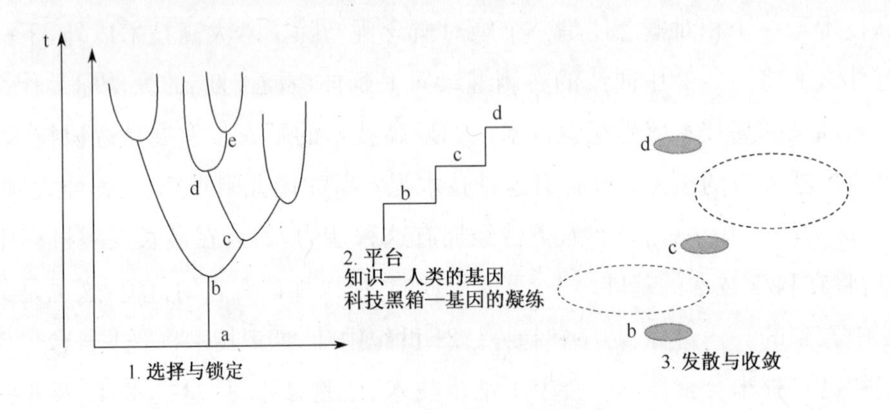

图 3-4　技术与人交替进化

1. 选择与锁定

在 a、b、c 等分岔点,会有多种技术面临人类社会的选择,而一旦做出选择,就会在一段时期内甚至长期锁定社会的进程,例如微软的操作系统;直到新技术出现提供社会新的选择机会,例如由蒸汽机到电机。

2. 技术构建的平台

在技术所提供的新的平台上,人前进一步,再发明新的技术,后者又提供更高的平台。技术和人,究竟是谁踩着谁的肩膀?同步前进,交替踩着对方的肩膀。从技术和人的关系来看,每踏上一个新的平台,对人来说,到底失去了什么?

(1) 平台下付出的代价。科技黑箱的特点是,知识集成封装于其中,用不着学习。于是就会发生两个情况:遗忘起源、失去本能。当我们一步登顶之时,不是"一览众山小",而是底下的风光统统就没有了,全部集成在科技黑箱里面。所谓"集成",在某种意义上就是排斥情感,压缩多余。平台下的东西究竟要不要学?要不要打开科技黑箱？

(2) 平台上所面对的是促逼与遮蔽。什么叫促逼与遮蔽？有人登上了这个平台，我如果不学不用就落后了。如果大家都用这个平台，而你不用这个平台就会被边缘化。这就构成了一个新的平台对所有人的促逼。什么是遮蔽？举个例子，当我们上了大学就不知道没上大学是什么滋味，当我们结婚了就不知道单身是什么滋味，这就是遮蔽。所以分叉图只能选择一条道路，另外一条就被遮蔽了。

(3) 平台的标准。平台的标准有待研究，譬如说标准的客观性和主观性，标准怎么制定，又怎么废弃。工业技术的标准与高技术的标准有什么区别？一个多世纪以来，中医药一直引起争议，时起时伏，近日又有热议，其中的一个问题就是中药和中医的标准。能如法炮制西医药的标准吗？前几年药品安全的问题主要是中药提取液、注射液的问题，传统的中药是十几味药放在一锅里熬制，现在是抽取一种，那这一种还是中药里的"汤药"吗？传统的中药喝下去，经过肝、胃、脾等的一系列消化、解毒，现在直接注射到血管里，人能受得了吗？所以中药提取液根本不是中药，注射也不是中医。不能用西医药的标准看待中医药。

(4) 平台的最大意义在于消费。像我们的录音笔、电脑或者 iPhone，如果没能充分消费它，那么这样的一个设备的存在方式与放在店家、放在仓库里没什么区别。生产出来的产品如果没有得到充分消费，那么它的存在就是不充分的。人工自然的存在方式就是被消费。人的存在方式就是融入社会，与社会中的各个方面发生关系。如果躲进深山老林，那还是一个社会中的人吗？同样，人工自然的存在方式就是被消费。当消费不足，技术就不会发展。如果对一件产品充分消费，就会产生对其的依赖，或者说，产品就对人产生了一种锁定。

这里再以微软的"源代码"为例来说明生产方、科技黑箱和消费者的关系。知识只有共享才能对社会产生贡献，知识社会最大的矛盾，就是知识产权私有和知识共享的矛盾。源代码不公开维系了微软的垄断地位，进而构成对消费者的锁定；再加上其他 IT 产品必须按照微软的标准与之兼容，这就进一步强化了微软的垄断，好似丁春秋的吸星大法，把别人的内力都吸过来壮大自己。消费者缺少对生产方的制约。

人机关系未来的一个方向是人机界面友好乃至人机合一。技术在两三百年之前主要是机械技术，人和技术之间有巨大的差距，正是这样的差距拉动技术不断发展。但随着技术越来越像人，我们的心理从对技术的批判到恐惧。技术一路发展，其方向是明确的，是朝着人的方向在发展，但当二者关系越来越近的时候，技术未来的发展方向是什么？越来越不确定。

(5) 最后说一下两条道路的实践意义。上一讲分析了“两条道路”的认识论意义,其实马克思的“两条道路”可以扩展到实践领域。可以这样类比,第一条道路是研发过程,创新包括行动者网络,或者经由技术路线图,一直通往科技黑箱。我们消费这个科技黑箱,由此就开始了第二条道路。科技黑箱遮蔽了平台底下的东西,遮蔽了另外的道路,对人造成一种促逼,两条道路之间通过反馈,以第二条道路的需求来引导第一条道路继续发展。这就是“一体两翼”的技术哲学研究纲领,以科技黑箱为核心,向两翼延伸。如果这样来理解两条道路,它显然不仅具有认识论意义,而且具有实践的价值。

四、STS（科技与社会）

第四讲 知识之树与知识阶梯

（顾益整理）

一、走进世界3——纪念卡尔·波普尔

首先感谢各位在这样的一个秋风萧瑟的晚上，还能到这里来赏光。前边的三次基本上都是围绕着自然界、科学、技术展开。那么从这次开始呢，逐步地要进入到社会、文化领域。知识，我大概是到2000年之后，从涉及的学术研究感觉到，是一个非常重要的话题，从一定程度上，从知识这个角度切入，能够把我以前涉及的不同的研究内容贯穿起来，综合起来。所以我在二零零几年写的一篇文章，就是《走进世界3》，发表在东北大学学报，后来越发觉察到，这确实是一个重要的话题。

1. 为什么不走进世界3

1967年波普尔提出了世界3的理论，所谓世界3的理论主要就是客观知识。但是在这个之后几十年，主流、次流、支流，都没有进入这个领域，我就考虑为什么这么重要的问题没有人研究呢，或者是很少人有研究呢。我想大概是这样的几点理由：

第一，传统哲学排斥。传统哲学主要是讨论或者本体，或者主体，或者主客体之间的关系。它主要从认识论的角度来谈，主体到底能否认识客体，怎样能够认识客体，认识得出来的这样的一些理论到底是不是真实地反映了“实在”，等等，它不讨论知识本身究竟是怎么回事情。

第二，后现代的批判解构跨越了知识论。波普尔刚刚提出世界3这个理论，后现代就开始批判，有世界3吗？有独立的世界3吗？解构，譬如说理想气体，有理想气体吗？以及进一步继续向前，讨论知识怎样才能够感动一个人，譬如知识中的情感等等。也就是说，客观知识这一部分，没还没有打开这个门，已经过门而不入。

第三，中国传统文化本身的问题。譬如说，在争论中我最后说服了你，你信服我了，那么我到底通过什么途径，用什么样的思想，使你信服的呢？这都是无所谓的事

情,我说的是不是真理无所谓,关键是你信服了,我这个事情最后办成了,至于理论本身是什么事情,无关紧要。更有名的说法那就是"道可道,非常道"了。任何事物,一旦以某个概念去界定它,就已经背离在这个事物。中国人对事情本身实际上不可能说清楚。

第四,新事物层出不穷。波普尔刚刚提出世界3,接下来跟风者众:世界4、世界5……例如上一次所讲到的人工自然。你说一架飞机,或者珠海的航展,或者其他这些东西,这能说是知识吗?这不也是一个世界吗?这是不同于自然界的世界!这就是世界4。还有网络,这又是一个什么世界?再加上虚拟现实技术,等等。

第五,波普尔的世界3。这个理论本身不完善,它有很多问题,他自己也说,我这个理论还不一定说得清楚。

最后,波普尔提出世界3的前提。这也是一个非常重要的因素。这里说的稍微远一些,为什么古希腊有哲学家、历史学家、文学家,但是没有经济学家?到底到什么时候才有经济学家?18世纪,亚当·斯密。为什么到这个时候才有经济学家呢?因为,一直到了文艺复兴、中世纪之后,特别是经过了启蒙运动,干扰经济活动的王公贵族、僧侣、宗教等,才从经济领域退出,或者以平等的身份参与经济活动,才把权力的因素、宗教的因素、意识形态的因素,统统驱逐出经济领域。这些东西都驱逐出经济领域之后,才有一个相对客观独立的经济领域,才有如同日月星辰的运行这样客观的经济。有了客观的经济活动,才有亚当·斯密对它进行研究。如果这个经济活动本身不是客观的,如果这个经济活动有许许多多的外在因素的干扰,有经济学家吗?这事就不能单独责怪经济学家,而是中国当代的经济本身,它根本不是一个客观的经济,那么我们如何对他进行研究呢?

好,这里的情况也是如此。为什么一直到1967年,波普尔才提出世界3,而不在更早的时候呢?因为更早的时候,知识本身不是跟对象结合在一起,就是跟主体结合在一起。知识本身还没有成为一个客观的对象,或者它即使成为客观的对象,它也不充分,没法对它展开全面的有条理的研究。所以科学从自然界里分离出来,从哲学中分离出来,然后经济学逐步分离出来,它们分离得相当充分了,然后波普尔才有这么一个对象可以去加以研究。

首先,它必须是客观的。其次,一直到这个时候,知识才显示出它自主增长的迹象。不管人在那里,还是没在那里,对于知识,我们就好像在一旁注视着知识的自主增长。所以,波普尔提出世界3的前提,是要有一个客观的对象,有一个自主的对象。那么由于这样的一些原因,波普尔到1967年才提出来。遗憾的是,提出来之后,依然迟迟乏人问津，人们没有进入到世界3。世界3这样的一个宝库，尚未进入，门已经关闭。然而一旦你进入这个宝库就发现这里边有无穷的宝藏，可以在相当程度上，整合许许多多的现象。

2. 为什么要走进世界3

那么为什么要进入世界3呢？这里面也是两个理由。

第一，就是上堂课谈到的“两条道路”。现在的后现代，各种各样的流派，强调的是主客体，依然是主体与客体的关系，以及消解知识，消解客观知识。但是如果你没有了解知识本身，又如何了解它与主体、它与客体的关系呢？我们面对的这样一个世界，我们必须进入到它其中。也就是说，马克思的两条道路，你必须先迈出一步。先要否定对象，否定自己，然后进入世界3。否则知识与主体的关系，知识与客体的关系，始终是模糊不清的，先得进入这个领域。

第二，知识社会。请在座各位在网上关注姜奇平。我记得他的官方的称呼是，中国社会科学院信息化研究中心秘书长。他在IT方面很有思想。姜奇平认为，整个社会的发展，第一个阶段，古希腊一直到中世纪，一直到笛卡尔之前，客体是重要的，譬如说古希腊的自然哲学。从笛卡尔之后，我思故我在，主体是重要的。然后就争论到底主体还是客体，唯物唯心、一元二元，这就是认识论转向。那么知识社会意味着什么呢？意味着主客体相互作用的结果，知识独立出来了。所以知识社会，就应该以世界3，以知识作为它的基本范畴。既不是客体，也不是主体，而是主客体相互作用的结果。既然现在已经进入了知识社会，当然应该了解到底什么是知识。

3. 怎样走进世界3——本体论

那么怎样才能够进入世界3呢？循着这样的路径：把知识作为一个对象来研究。把知识作为一个本体，考察知识的存在方式，知识的演化方式，类似于在第一堂课所讲的这样一个方式，把知识作为一个对象。具体而言，这样的三个路径是：第一，沿着历史的路径，也就是马克思关于逻辑的与历史的一致的思想。逻辑是哪里来的呢？逻辑是从历史中来的，通过研究历史发现逻辑。请大家注意，通常科学、哲学、文明等展开论述，也就是逻辑的起点就是从希腊开始。毛泽东有句话叫做，言必称希腊。始于希腊，经由近现代到现代。现在的情况是，已经有后现代了。大家都知道否定之否定和辩证的复归，既然有后现代，就要研究前古代、远古，向两端延伸。这并非去套什么原理，而是充分调集学术资源以应用于当下具体的研究，而最后的结论必须遵循事实和规律。第二，逻辑。有了历史的东西，进而研究逻辑的东西，揭示历史背后的规律。第三，解剖一个特殊的案例——中国。当然，中国的现实太复杂，此处只是有这样的一种意愿，现在还没有能够进入这个领域。具体的文章请参见:《论知识的演进历程》，科技导报，2003(7);《论现代性的哲学基础》，浙江社会科学，2003(4)。

波兰尼把知识分为两类。一类是编码知识，一类是意会知识。关于编码知识和意会知识，各位可能都比较清楚，就简单说一下。肯德基在珠江路开一家，在成贤街开一家，开的都是一样的，它依靠一套知识到处克隆，这样的知识就叫做编码知识。编码知识以严密的逻辑来表达，可以交流，可以共享。什么是意会知识？没法以严密的逻辑表达，难以交流与共享。所谓只可意会，不可言传。

如果进一步细分的话，编码知识和意会知识各自又可以进一步分为两类。编码知识分为嵌入的编码知识和非嵌入的编码知识。什么叫做非嵌入编码知识呢？与主体无关，与特定的对象无关，完全独立于世界 1，独立于世界 2，也就是波普尔所说的客观知识。欧几里得几何、牛顿定律、进化论、相对论、标准模型……都是非嵌入编码。市场经济理论，也是非嵌入编码知识、客观知识，与什么制度无关。那么现在正在争论中的普世价值，到底是什么？我认为普世价值是非嵌入的编码知识、客观知识。嵌入的编码知识与特定的主体有关。比如说我今天在这里讲的话，也就是针对在座的各位，而对另外的一些人，譬如说其他从业者，我能讲这些东西吗？不行。嵌入编码知识嵌入于特定的场合，譬如歌剧幕间进场、国家级实验室特定的规则、各地的不同的法律条文，都是嵌入的编码知识。罪犯之间的攻守同盟、一对小情人之间的绵绵情话……特定的人群在特定的场合使用的就是嵌入的编码知识。

极端的非嵌入和极端的嵌入，就是意会知识了。这就是大家都知道的“两极相通”。先看极端的非嵌入。我觉得极端的非嵌入大概有三类:哲学、诗歌、数学。哲学，我看过几天哲学书，我体会什么样的书叫哲学书，翻开一本书，每一个字都认识的，合起来不知道是什么意思，这就是哲学书。看到了吗，极端的非嵌入——意会知识。数学，标准模型，你看得懂吗？诗歌，朦胧诗，你懂吗？极端的非嵌入，就是意会知识。极端的嵌入，也是意会知识。比如说一对小情人的绵绵情话，你懂吗？比如说攻守同盟，比如说密码。极端的嵌入和非嵌入，都是意会知识。

意会知识也分两类:一类是主观的，一类是客观的。什么是客观的意会知识？考驾照，书面考试是编码知识，路考就是意会知识。但是路考这样的一种知识，它是客观的意会知识。所谓客观的意会知识，是因为它早晚可以编码——自动驾驶。老专家给你看病搭脉，发展到专家系统，客观的意会知识是编码知识的原料，最终它可以编码。古人划地界，划来划去发现了勾三股四弦五，不就编码了吗？再进一步往前推进编码，那么就是欧几里得几何。但是另外一类，主观的意会知识更重要。在座各位，对我讲的哪一句话感兴趣，每一个人都不一样，老师在上边讲，每一个学生的感受都不一样。为什么不一样？主观的意会知识不一样。主观的意会知识对编码知识进行操作，操作什么？这要看选择的能力。把哪一句话记下来了？这要看组合的能力。你回家了，把我的这些话跟你心中的哪句话结合起来？这主要看创造的能力，或者甚至还有遗忘的能力。遗忘也是一种能力。客观的意会知识是编码知识的原料，主观的意会知识对编码知识进行操作，我们首先要有这样的一些最基本的概念。

二、知识之树

1. 远古和古代

(1) 原始的混沌——合一与不可通约

有了这些最基本的概念之后，再来审视自古至今的知识的历程，就可以看得比较清楚了。远古时期，人们用什么样知识呢？主要就是意会知识。远古的人，做成了一件什么事情，比如说驯养动植物，他说得出其中的道理来吗？说不出来，他是知其然，不知其所以然。他会做，但是说不出来。或者是嵌入的编码知识，比如说，一个部落内部，这种知识完全是可以交流的。如一个部落所拥有的图腾，为整个部落的所有人所共享。远古时期的人工自然，他们所做的工具，生活在太湖流域的使用的工具，跟生活在沙漠的，或者北冰洋的，他们所使用的工具全然不同，有个性而彼此间无关(请见第三讲)。远古时期的知识，它是一种意会知识，以及是一种嵌入于特定状况之下的知识，彼此间无法沟通，用现在的话来说，就是不可通约，因而是一种“杂多”(黑格尔)。远古时期的知识与特定的人，与其所居住的特定的自然地理条件和特定的生活方式，是不可分割的。远古的部落还有自己的历史，有周边的其他的部落……这一切构成了远古知识的边界条件和初始条件。

可以用两个“合一”来概括远古时期的知识。第一，天人合一，古人所拥有的知识，一个部落所拥有的知识，与他们的生存环境完全是一致的。为了在这个环境中生存，必须是这样的一种知识：与特定的部落，与这个部落所生活的特定的环境，与它的历史，与它的周围的情况，完全一致，天人合一。不像现在，处处都发生与自然的冲突，时时都感觉到“异己”。第二，人的所有活动的合一。古人的所有的活动，是完全一致的，合在一起的，没有科学，没有技术，没有艺术……这些东西，统统地合在一起。不像现在，又是科学与文化的冲突，又是两种文化的冲突。原始时期人类所有活动都可以归结到原始的生存方式，归结到两个“合一”：天人合一，人的所有活动合一。

所谓“合一”，就意味着知识尚未从对象(世界1)和主体(世界2)分离出来。知识之树的每一个根须，最细微的根须，到最终完全与周边的土壤完全合在一起。所以天人合一，是特殊的人与特殊的天合在一起，这就是远古时期的文化。当时的知识，既没有从世界1中分离出来，也没有从世界2中分离出来。体会一下音乐是很有意思的，最初的音乐不过就是万籁之声。现在有些音乐家到少数民族那里去探寻他们的部落的最原始的歌是什么，音高、节奏还有音色之类根本是不确定的，唱一遍就是一个调，再唱又跑调了。后来的音乐家如巴哈，根据五线谱，弄成了十二音的体系等。音乐家们以此为尺度，回过头再去给原生态的民歌定调子，那都是后来有了编码知识之后。实际上在远古时期，没有固定音高，没有音阶。现在到庙里面去听那些和尚诵经，那个味道差不多就是这个意思。远古时期的音乐大概就是这样，没有从对象分离出来，没有与主体相分离。

在无锡大佛开光的时候，何训田写了一个《吉祥颂》。他说，所有民族的第一首歌，没有一个更原始的东西在前面。由此可以想起伽达默尔的释义学，一切解释都已经经过了解释，但是一直往前推，事实(世界1)、解释(世界3)和主体(世界2)越来越难以区分。

个人与自然的感应产生的原文本，事实和解释完全合在一起。越往回推，越分不清楚这个古人，这个原始人，他讲的究竟是事实呢，还是对这个事情的解释呢？越往前走，越分不清楚。

“合一”的另一个特点是不可通约——杂多。必须指出一点，每个部落，他们的思想，他们的知识，彼此之间，是不可通约的。这个根须所发展出来的这些知识和那个根须所发展的……彼此之间完全不搭界。这样的不可通约延续至今，就是所谓“文明的冲突”。

我们看到鄂伦春人、古埃及人，各有特色。在艺术作品中，希腊的作品重线段，中国则多用曲线。即使科学，各地同样有自己的烙印。印度人发明了“0”，几何学诞生于埃及，诸如此类。现在研究科学技术哲学，说地方性科学，当时真是地方性科学。可以讲，在远古时期，有多少个部落，就有多少种科学，多少种艺术，多少种宗教，他们不可通约，这就是黑格尔所讲过的“杂多”。多是多了，他们彼此之间相互无关。知识的源泉，如同那个树的根，每一个根须深扎在独特的自然背景之中，可以追溯到最遥远的历史体验，越是久远，越是细微，最后与环境浑然一体。

上述情况一言以蔽之，就叫做“混沌”。知识萌芽于混沌之中。此处的“混沌”，就是“两个合一”，人与周遭的环境特别是自然界合一，以及人关于世界包括自身的所有的知情意合一和知行合一；再加上部落之间的“不可通约”。有意思的是，虽说不可通约，但是有一些东西为什么它们是如此一致呢？比如说咬着自己尾巴的蛇，这是从科学网上的一篇博客看到的，各民族大概都有类似的情况。在座的各位有没有发现，如果把“8”字形的蛇横过来，是什么符号？无穷大蕴含两极相通之意。再看柏拉图的一段话，他说这头生物并不拥有眼睛，因为它的外围已经没有什么东西了，它也没有耳朵，用不着去听什么，没有气息，用不着呼吸，没有任何器官。这样一段话，跟中国古代的混沌又何其相似呢。所以这一点很有意思，原始民族互不通约，但是有一些地方，他们确实是共同的。为什么既不通约，又有共同之处呢？还是可以归结到“两个合一”，前一个“合一”导致不可通约，而后一个“合一”是相通之源。这一点跟原始人的心灵是有关系的。他们面对的世界是不一样的，但是他们的心灵是如此的原始，如此的原生态，故而如此“相通”。当然，这里的相通要打上引号。

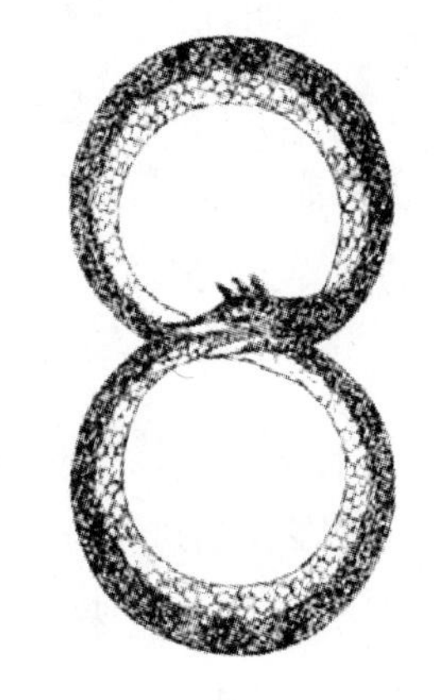

图 4-1　咬着自己尾巴的蛇

(2) 狼性和羊性

在《狼图腾》这本书里说到了狼、羊、草原等和游牧民族之间的和谐，实际上是一种彼此之间的深深的嵌入。原始社会的天人合一，是一种耦合，是一种嵌入，或者是一种束缚，未必是现在所欣赏所倡导的天人合一，而是一种牢牢的控制，牢牢的制约。在这种情况之下，关系越是牢固，束缚也越是严格，越是淋漓尽致，彼此之间也难以割离。这是一种锁定，一种绑定。后来围绕这本书有讨论什么民族性的狼性，还是羊性，这都是无稽之谈，放在当时的各民族特定的文化背景之中，适合于自己的就是最好的。原始社会的文化无所谓高下之分，只有现代性方能不带偏见地完成对各种传统的批判，才能够客观、平等地面对狼性或者羊性，为各种传统的沟通构建统一的平台，并为传统的延续提供共同的基础。

(3) 根须的归并

远古之后就进入雅思贝尔斯所说的轴心时代。由于商业之间的交流，由于战争，由于民间的各种交往，知识之树细微的根须慢慢形成了几条主要的根须。希腊、希伯来和罗马为代表的古典文明，中国大概从周朝开始到春秋战国逐步形成的儒家文明，印度的佛教文明，以及阿拉伯伊斯兰文明，也就是所谓四大文明，其实关于这一点还是存在争论。我现在还有一个疑惑，为什么这个四大文明，都以宗教命名？基督教文明、伊斯兰文明、佛教文明、儒家文明，儒家文明有人说是准宗教，“疑似”宗教。为什么四大文明都以宗教来命名？我的一个想法是，在传统社会，唯有宗教比其他的意识形态在一定程度上更能够超越民族，超越地域。在各民族之间，我们没法用一种特定的意识形态来贯穿，宗教大概具有一定的超越性。但是这种超越性又有它的范围，在它的边界上就会发生亨廷顿所谓的"文明的冲突"。

2. 近现代——非嵌入编码知识，即客观知识

(1) 近现代：非嵌入编码知识

现在我们进入一个具有转折意义的、关键性的时期——近现代。近现代的根本点，从知识的角度来看，就是出现了客观知识，或者叫做非嵌入编码知识。近代到底出现了哪些非嵌入编码知识呢？

第一，科学。在中世纪宗教盛行的后期到宗教改革期间，宗教对所有知识上的更新都是非常警惕的，唯有对科学的兴起相对宽容，虽然也有种种迫害的事件，不过无神论者总比异教徒可以容忍，相对而言较少直接的威胁和正面的冲突，其原因就在于科学超越宗教。在各个部落、各个民族之间，可以打得不可开交，比如十字军东征，但是有一种知识能够超越不同文明，那就是科学。

在科学里面还可以进一步细分，物理学与众不同，存在所谓"大物理学主义"。我想问在座各位，为什么有大物理学主义呢？听说过大化学主义？大生物学主义？为什么有大物理学主义？经典物理学研究什么？研究基本物理运动：机械运动、电磁运动、热运动。而基本物理运动，为所有自然界的现象、所有运动，包括生命运动和意识运动所共有，不管你什么运动，它同时一定包含基本物理运动。于是，研究基本物理运动的物理学，渗透到一切科学中，如同科学渗透到社会领域去。数学是科学的皇冠，渗透到包括人文社会科学在内的一切领域。还有逻辑，所有人际交往和表达都离不开逻辑。不清楚为什么现在一些反科学的人士，他们怎么不起来反数学主义呢？怎么不出来反逻辑主义呢？他如果反逻辑主义，我们还可以讨论吗？没法讨论。

第二，技术。上次讲过第二次工业革命的标准化、大批量、可替代，毛泽东的一句诗"环球同此凉热"，空调就可以做到这一点。上一次课述及的"科技黑箱"可以做到这一点。科学理性是认识论领域里面核心的东西，揭示现象背后的本质和规律；而技术理性就是实践过程中的核心的东西。任何实践，它的最基本一面就是有效控制、效益和成本。这是所有实践活动共同的，也是最基本的要素。

第三，经济学。亚当·斯密的经济人假设、市场经济，包括 WTO 的有关规则，它的表现就是"经济学帝国主义"。经济学渗透到一切人文社会科学里。与刚才说到的大物理学主义同样的道理，你听说过社会学帝国主义吗？听说过伦理学帝国主义吗？

为什么有经济学帝国主义？经济学在人文社会科学中的地位，相当于物理学在科学中的地位。它的基础地位在于，它所阐述的关系到人的最基本的生理需求。

第四，启蒙运动理念，普世价值。这是人处于“自然状态”下所具有的权利，因而这种权利超越国界，超越时代。普世价值早晚将走向全世界。中国儒家文化中的“将心比心”和“己所不欲，勿施于人”说的也是基于人性的人际相处的基本准则，也是普世价值的组成部分。

以上这些就是非嵌入编码知识，就是客观知识。

(2) WTO 三大基本原则

再说一下 WTO 的三大基本原则。WTO 的根本思想，就是非嵌入编码知识。

第一，非歧视性原则，包括两点：最惠国待遇和国民待遇。什么叫最惠国待遇？美国给加拿大，给英国的一切优惠，必须同时无条件给中国；中国给朝鲜或者越南的全部优惠，必须同时无条件给美国。排除国与国之间的亲疏，排除意识形态的好恶。什么是国民待遇？美国的产品到中国享受中国产品同等待遇，反过来也是如此，排除主权等等的干预，让经济规律通行无阻。

第二，市场开放原则。首先，透明度，不许有内部配额，不许有内部文件，所有制度安排必须有公开出版物或由网上公开。其次，可以有关税，但只能有关税。所有的非关税措施都要关税化。中国的领导人说我们的政府官员工资很低，然而他们有工资外收入，以至可以“工资基本不用”。香港、新加坡在这一点上的措施是什么？你可以有工资，你只能有工资，其他的一切福利待遇，统统折算成工资。那么折算成工资，或者非关税措施都折算成关税，意味着什么呢？可操作、简单。只有一项指标，我就清楚了。当年哥白尼的日心说之所以能取代地心说也有这一层道理：简单。哥白尼的日心说在提出之初，就其与观测数据的吻合而言，还不如地心说；然而地心说为此添加了越来越多的假设，在“均轮”上增添了一个又一个“本轮”，致使地心说越来越累赘而不堪重负。日心说则废掉了大大小小 70 来个轮子，只有几个围绕太阳的轨道。透明度和非关税措施关税化加在一块是什么意思呢？工具理性、技术理性。投入产出比和功能价格比，以及所有的过程都是可控制的。这样的话，如果美国商品到中国，有了这两条以后，他就知道我这个商品在中国会受到什么样的待遇。

第三，公平竞争原则。不允许补贴，不允许倾销。比如说无锡光伏产业不行了，无锡市出钱补贴，这怎么可以呢？也不允许违背成本等搞低价倾销。不允许扭曲经济规律。

一句话，WTO 的三大基本原则就是，非嵌入编码知识，它必须通行无阻，规律必须通行无阻,排除政治、意识形态、权利、情感……的干扰。或许就在这样的意义上,才有贝尔的意识形态的终结。所谓终结是什么意思呢?就是非嵌入编码知识流淌到全世界,最终为全世界接受。上世纪90年代初,以苏联为首的原社会主义阵营,都转向市场经济。中国在1992年,转向市场经济,就意味着包括市场经济在内的非嵌入式编码知识日益为全世界所接受。非嵌入编码知识、科学、启蒙运动理念、市场经济,成为各国各民族共同的底线或者基础。这就是知识之树的第二个阶段。

梁漱溟,学贯中西,更具有中国传统文化的深厚底蕴,但是他清楚地知道,科学与民主的绝对价值,它们的绝对价值就在于,它们是客观知识,是非嵌入编码知识。

(3) 钱学森之问的另类答案

所谓"钱学森之问",问的是为什么当代中国出不了大师呢。官员、学术界和民间从不同的角度来回答这个问题。我现在从知识的角度来回答。

人类的整个文化在所谓"近代"的阶段,就是17、18、19世纪阶段,文学、艺术、美术、音乐,等等,都达到登峰造极的地步,出现了一系列巅峰之作,不仅穿透国界和民族的界限,而且贯通历史,流芳百世。他们的作品之所以有穿透力,在于不同于传统,也不同于后现代,他们揭示的人性具有一种典型性,以及他们的形式也具有基本的共同点,比如说绘画的基本要素、芭蕾舞的基本动作、音乐的旋律和节奏、文学的基本手法等。这些作者以千差万别的社会生活作为原料,去除掉根源和背景,提炼出人类最深邃、最普遍的本性。比如说,雨果的《九三年》,或者狄更斯的《双城记》,或者是托尔斯泰的《战争与和平》,或者是贝多芬的《第九交响曲》,达·芬奇的《蒙娜丽莎》,还有马克思的《资本论》,这些作品的穿透力,之所以能够千古流传,是因为它们处于整个人类知识发展过程中,非嵌入、客观的这个阶段,所以它们能够为各民族所共享,能够为不同时代的人所接受。这些作者之所以成其为大师,除了主观能力外,是因为他们生活在近代,生活在知识之树的树干阶段。

这种情况到了现代社会,到了21世纪,再也不可能出现。这些处于树干上的知识已经被他们提出来,现在是在这些知识的基础之上,再进一步向上发展,因而不再是树干,而是树枝、树梢的问题。到了21世纪,不要指望再有贝多芬,或者再有马克思这样的人物,没有了。人类知识的巅峰时代已经一去不复返。

(4) 个体发育与系统发育

虽然如此,每一个人还是可能经历属于他自己的巅峰时代。先前曾经谈到海克尔的个体发育和系统发育的关系,此刻再谈到这个问题。这里有一个个案,贝多芬是怎么写作《热情奏鸣曲》的?他先是沿音阶上上下下,没有音准,然后再将处于模糊混沌的音乐上升为有序状态。在这个案例上，贝多芬个人的创作过程，浓缩了整个音乐史，从混沌到有序这样的过程。这就是个体发育与系统发育的关系，实际上，这种情况到现在依然存在。在座的每一位，你写论文，一开始清楚吗？慢慢地，你的思想就变得清楚起来，它同样经历一个从混沌到有序的过程，从这个意义上说，再由个体发育看系统发育。究竟什么叫做现代化？现代化就是非嵌入编码知识传播到整个世界。

（5）现代化：非嵌入编码知识的传播

现代化的含义首先就是脱域。不管你的历史是什么，语境是什么，个性是什么，同样的都接受启蒙运动理念，都接受市场经济，摆脱历史的锁定、语境的限定，以及个性的束缚。所谓现代化，就是非嵌入编码知识最终为大家所接受，接受科学、技术、启蒙运动理念和市场经济的过程。一句话，抹去自然界刻在一种文化身上的烙印，刻在一个个人身上的烙印，使你成为社会中的人；抹去历史刻在你身上的烙印，走向未来；抹去地域刻在你身上的烙印，走向世界。在座的各位，从各地来到东南大学，在东南大学求学的这段时间，抹掉你原来山村的烙印，使你成为社会中的人，抹掉你的历史，一起面向未来，抹掉特定的地域，走向世界。现代化就是一个抹去的过程。当然，抹掉的只是走向现代的羁绊，而不是儿时的所有记忆。难道可以抹掉父老乡亲的深情厚谊，抹掉老家的青山绿水吗？

在《共产党宣言》里，有这样一句话：一个幽灵在欧洲飘荡。我想如果是一个幽灵的话，那就是非嵌入编码知识。知识就是力量。在培根道出这句流传千古的名言之时，实际上说的是“非嵌入编码知识”就是力量，这种力量的源泉即在于“非嵌入”。什么是非嵌入编码知识，我再说一遍，科学和科学理性，技术和技术理性，市场经济和经济人假设，启蒙运动的理念，我想这些就是能够传播到一切民族、一切领域的非嵌入编码知识，这个知识早晚，不管你愿不愿意，会传播到整个世界。现代性，是世界各民族，从传统，经过现代，通往未来的必由之路。

请大家注意，必由之路是什么意思呢？必须经过这个环节，同时这一环节又仅仅是路途中的一个环节而已，它不是终点，它还要继续前行。

（6）对“两条道路”的再认识

现在从知识的角度可以对以前所讲到的两条道路有一个新的理解。

第一条道路：三个世界从混沌状态分离出来，世界 2 独立于世界 1，这就是所谓天人分离，接着是世界 3 独立于世界 2 和世界 1。第二条道路：回过去，世界 3 跟世界 2 和世界 1 结合。由此可见，有了知识的视角，有了世界 3 这个理论，再去理解两条道路，理解其他已有的对象，又会有新的认识。

经过这个转折，经过非嵌入编码知识、现代性的转折，进入第二条道路：在思维中重建对象。这一过程与对象自身的发展历史相一致。因而在第二条道路上，各门科学就是断代史，是自然史中的一段。比如说化学，研究什么东西呢？化学就是研究原子如何形成分子，生物学、生命科学，研究分子、原子，如何形成生物大分子，如何形成最原始的生命，人类学社会学研究人如何形成社会，每一门学科，就研究断代史。把它们结合起来，整个科学就是研究自然界演化的全过程。所以马克思说，往后一切科学都将成为历史的科学，经过转折之后，一切科学都将成为历史的科学。它描写的就是对象的生成过程。

3. 现代与后现代——意会知识、嵌入的编码知识、虚拟现实知识

下面谈知识之树的第三个阶段——后现代。我们重新看到意会知识，看到嵌入的编码知识，还有虚拟现实知识。由现代到后现代的这一步是怎么走过来的呢？是对非嵌入编码知识的批判。

第一，后现代各个流派指出，存在与非嵌入编码知识是相对应的客体吗？比如说理想气体，在现实中有理想气体吗？经济人假设，现实社会有经济人吗？人，生活在社会中的人，明明是一个活生生的，有血有肉的，有情感的人，怎么可能只是一个经济人呢？这是从本体论角度的批判。

第二，认识论角度的批判，主客体从来不可分离。关于这一点有大量资料可以证明。

第三，从价值观的角度来理解，知识不可能是价值中立。

卢梭是怎么提出社会契约论的呢？他说在有社会之前，每一个人有天赋权利，有天赋权利的这些人坐在一块讨论，认为在彼此间应该订立契约来约束各自的行为。雅克·巴尔赞在他的名著《从黎明到衰落》中以奚落的笔调写道，匪夷所思的是，这样一些彼此间争夺食物和女人的原始人，他们怎么可能聚在一块，讨论什么契约呢？这些批判都很有分量。批评者们认为，真实存在的是此在，要把存在置于时间的地平线上，例如胡塞尔的现象论。还有库恩的范式、共同体，SSK，知识的社会建构，以及返魅……此外我们看到 WTO 也将转型，很难继续操作下去。

(1) 究竟怎样来理解现代所达到的非嵌入编码知识

钱颖一的一番话有助于理解作为现代性核心的非嵌入编码知识，以及后现代对非嵌入编码知识的批判。钱颖一举了两种观点，一种观点认为，非嵌入编码知识纯粹是胡扯，客观知识纯粹是胡扯，不存在。这种观点没有看到一个什么问题呢？就是非嵌入编码知识，就是我们上堂课所讲到的，是两条道路的转折点。没有这样抽象的知

识，又怎么去研究复杂的对象呢？没有组成事物的各个要素的知识，怎么去研究由这些要素所生成的对象呢？比如说，三峡水库，如果没有流体力学，水坝能建起来吗？流体力学就是非嵌入编码知识。它并不是说，黄河里面，或长江里面的水，就是100%地遵守流体力学，不，不是这样的。但是研究长江和黄河必须要有一个抽象的坐标。我们研究现在中国的经济，如果没有对市场经济的本质规律的理解，你怎么知道，中国现在的经济在多大程度上具有市场经济的共性和规律，又在多大程度上是出于“中国特色”，以及在多大程度上偏离了市场经济呢？所以，非嵌入编码知识，它是一种坐标，是一种背景，是我们考虑问题时的依据，它不等于事情本身，但是是我们讨论问题的一个出发点，一个基准。

第二种观点认为：非嵌入编码知识，它本身就是实实在在的，进而要求现实世界与非嵌入编码知识相一致，譬如上世纪八九十年代的所谓“华盛顿共识”就开出这样的“药方”，要求拉美的一些国家照章办理。这就走向了另一个极端。所以当我们走向后现代的时候，必须弄清楚这一点，既不能够抛开非嵌入编码知识，也不能把非嵌入编码知识等同于现实。在这样的基础之上，提出分形的曼德布罗特说，欧几里得几何是呆滞的，真正存在的，你说长×宽，它有长吗？有宽吗？如果我们用一把尺去量，发现这里有一个突出的，那里有一个凹进去的地方，我们怎么测量呢？所以非嵌入编码知识，我再说一遍，是一种抽象，是一种理想化，是一种本质，是一种基础，它有待跟各种具体的对象相结合，有待回到语境中，有待价值观对它的引导。

（2）非嵌入编码知识的提升

在后现代思潮的批判声中，近现代的非嵌入编码知识，它本身也在提升。提升包括这样几个方面：

第一，我们看到了三论、新三论和复杂性科学……三论将个别和零碎的非嵌入编码知识综合起来，新三论让凝固不变的非嵌入编码知识流动起来，而复杂性科学更让我们在原有的视野外看到，在马克思的第一条道路上，在得出非嵌入编码知识的过程中所舍弃的细节和偶然性，看到在非嵌入编码知识之外的知识。

第二，我们看到非嵌入编码知识本身的形式化，这就是所谓数字化生存。

第三，超越人类。阿凡达，还有这样的一部马戏，《神秘人》，它的艺人来自40个国家，各国观众超过5 000万。没有搞成民族风格大展演。不仅舍弃各民族的语言服装，而且舍弃任何有民族特点的典型图像，进入无国界的一体化提炼，满台只是一种人类学意义上的“人”在活动。这番话不是我的原创，是余秋雨说的。非嵌入编码知识关注整个人类的命运，关注人与自然、人与他人、人与人工自然的关系，以及每个个人的全面发展。

(3) 新的嵌入的编码知识

走向后现代更重要的标志是，出现了新的嵌入的编码知识，近现代所得到的非嵌入编码知识融入了形形色色和变动不居的语境之中。与原先非嵌入编码知识的干瘪、死板、严格、一律、抽象不同，由此所得到的嵌入的编码知识具有这样几个“化”，生命化、个性化、地方化、柔性化、世俗化……特别要指出的一点是，走向后现代的新的嵌入的编码知识，也不同于远古时期不可通约的嵌入编码知识，而是具有无穷的包容性，每一个知识都是跟其他的知识互相交叉，互相渗透，没有明确的边界，多样化。先前的课上讲过，高技术所生产的人工自然，彼此间高度非线性相关。知识之树的树冠，越是走向后现代，越是彼此融合，知识就越是从个人社群和人类当下的认识和实践中汲取营养，譬如复杂性思维和方法就是这样。

(4) 知识之树视野下的世界

我是怎样理解从布什到奥巴马的某种变化的呢？我是怎样理解老欧洲、新欧洲，以及马英九和陈水扁的呢？

在这棵知识之树上，本来对美国来说已经经过了树干阶段，进入了枝叶，走向了后现代，“9·11”把美国打回了根须里去，根须是什么？根须就是民族，美国本来有民族吗？美国没有民族，美国是民族的熔炉，但是“9·11”之后，打出了一个美国民族，在一个强大的外部敌人压力之下，打出了一个美国民族，回到了中间，甚至回到了根须阶段，它的特点是什么？我们说过，中间阶段是非嵌入编码知识。非嵌入编码知识的特点是，边界清晰、严谨、非此即彼，再加上根须的不可通约。所以美国打回去之后，就回到了非此即彼和不可通约的思维方式，非此即彼的极端就是古巴导弹危机，美国代表就坐在前苏联代表对面，质问你的导弹有没有运进？核武器有没有运进古巴？你不要跟我绕圈。“9·11”之后，布什的典型思路是什么？要么就是美国的朋友，要么就是本·拉登一伙。所以美国在“9·11”之后的这种单边主义，这种非此即彼，使它从知识之树上，又回到主干和根须上面去了。

图 4-2　奥巴马新政

奥巴马上台，意味着，它又回到枝叶上面去。当然了，这里面还有很多的问题，但是我们从总体上说，它回到上面去了。图 4-2 这张照片具有某种典型性。

这个事情发生在奥巴马当政之后，美国国内，一个白人警察和一个黑人教授发生了冲突，这个事情弄得不好，或者就是阶级矛盾，或者就是种族冲突，怎么解决？奥巴马和他的一个部下，一起把他们请到白宫，喝啤酒解决问题，这样喝啤酒解决问题，难道是西方解决问题的方式吗？典型的中国特色！所以这样的一种特色，不是非此即彼。由直截了当的对抗到发展“软实力”。当然美国不是放弃对抗，譬如“重返亚洲”之类，照样剑拔弩张，但毕竟见到相对柔性的处理方式，与布什时代有所不同。

还有一个典型的例子，是从陈水扁到马英九。在知识之树上，台湾本来已经走到树干，甚至树枝上去了。但是陈水扁为了对抗大陆，一直往回退，从主干这回到根，回到根还不算，回到更加小的根须，在台湾找一个少数民族，以此来说明他们和大陆完全没有关系。我曾经在那个阶段去过台湾两次，有一次我去看了一下他们竞选的会场，相当热闹；另外一次，我去的时候乘坐台湾的捷运和“自强号”列车，播到某某站，用它的少数民族的方言来报站，根本听不懂！它不仅回到了下面，回到了根，而且回到了根须，这样就与知识之树的生长方向完全相反，背道而驰。这样的一种背离知识之树发展的政策，当然受到台湾，特别是台湾北部已经接受了非嵌入编码知识的这些人的抗议。

现在，马英九又回到知识之树的上面来了。所以如果在陈水扁时期，大陆与台湾的关系，我们不仅在经济上比它强，而且在文化上都比它强，在知识之树上位于上方；那么现在，马英九回到上面来了，大陆和台湾的关系主要是通过经济上的关系，把它捆绑起来，譬如 ECFA。

由此可见，从知识之树，我们能够从不同的角度理解世界上的一些变化，这样的视角对于理解欧洲目前的这些变化和欧债危机等都是有关系的，有关内容我们以后有机会再讨论。这张照片真的非常有意思，富有“中国特色”。

(5) 科学、艺术和经济学如同不断膨胀的星云

艺术、科学、宗教，彼此之间又逐步相通，艺术就是生活，生活就是艺术，艺术化生存。海德格尔不是说了吗？诗意的栖居，人文学者一般都比较欣赏这句话。不知从作为艺术品的“便池”，能够领悟到什么样的“诗意”来。

形形色色的后现代艺术，你看得懂吗？在看了一场画展后，老先生指着墙上“EXIT”(出口)的标示对他太太说，我只看得懂这个，我们走吧。幸亏那个标示还不是什么行为艺术！现在的音乐，听不懂。谭盾等人的音乐，听得懂吗？他已经走向了后现代。

科学也是这样，随着后现代科学或者地方性科学不断的发展，我们很难给科学下

一个定义，很难给科学划界。科学内部的门类越来越细分，同时又越来越融合。所有细分的门类越来越多融入社会的、文化的、心理的因素，这也是近现代理性的语境化。科学外部的边界越来越模糊，越来越与艺术和宗教等相互交织在一起。科学、艺术和经济学等等，如同不断膨胀的星云，其内部越来越松散，外部越来越模糊。

马克思说，人是社会关系的总和，那么今后我们大概可以在同样的意义上说，科学是××关系的总和，艺术是××关系的总和，如此等等。但是我们可以从每一个人的身上，同时看到科技、艺术、伦理。民族文化也是如此，作为一个整体必然会走向消融，但是它通过它的每一个个体流淌到全世界，不会消失。

(6) 虚拟现实知识

此外还有虚拟现实技术。虚拟现实技术有这样三个特点：

第一，它是以经过验证的编码知识为基础。你在某个游戏里开车，或者车摔了撞了……这些虚拟现实不违背牛顿定律。

第二，在非嵌入编码知识的基础上，你可以随意选择、组合，进而创造知识。

第三，虚拟现实技术的最大特点在于知与行的统一。在你动作的同时，知识就出来了，但当你“知”的时候，你就在行动了。还有一点，虚拟现实技术对于我们的意义是什么？叫做，虚拟吃一堑，现实长一智。在现实生活中吃一堑太亏了，虚拟吃一堑，现实长一智比较理想。

(7) 隐喻和意会知识

定性、直觉、悟性，这就是数字化社会的非数字化生存。19 世纪的诗人济兹有一段话，我觉得这段话非常有价值，推荐给大家：“在怀疑和不确定中生活的能力是创造力的基础。”鲁迅有一句类似的话：“危险？危险令人紧张，紧张令人觉到自己生命的力。在危险中漫游，是很好的。”

所以计划经济不可行，有 100 个弊病，这是第 101 个，它把一切都给你安排好了，当组织上，把你从生出来到死去统统都安排好了，你还创造吗？所以出国留学，就是在怀疑和不确定中生活的能力。这样的一种能力，是最重要的能力，是创造力的基础。

隐喻，是后现代人际交往的一种有效的方式。在知识之树的枝叶之间如何交往？虽然枝叶之间拥有共同的主干，但各自的语境毕竟不同，甚至有着根本的差异，因而彼此间的交往依然存在问题。此时，隐喻就可以发挥作用。下面我介绍一个关于“猪”的故事，这是个非常有意思的故事。

有一个台湾小伙喜欢飙车，尤其是经过一个拐弯上坡，嗖一下就上去了，非常威风。这次他又去开，刚刚经过拐弯，迎面一辆车摇摇晃晃就撞过来了，他赶紧开到旁边避让，那个车一下子过去了，在会车的一瞬间，那个开敞篷车的漂亮女孩对他说"猪"，小伙子非常愤怒：我让你了，你还骂我是猪。但是他反应极快："母猪！"感觉到这口气出得不错，然后继续往上开。刚刚往上开没两步，嘣！撞到一只猪身上。有谁能够把这个故事说全吗？那个下坡的女孩是不是不会开车？她从山上下来，突然一只猪就闯出来了。她赶紧避让那只猪，所以摇摇晃晃。避让过了以后，看见对面有车来了，她感觉到有这个责任把信息通知给对方，在会车的一瞬间，她如何用最简明的词，把这个事情告诉对方呢？猪！

所以实际上，包括在家庭里面，很多吵架都是因为什么原因呢？语境不一样。这就是后现代，你说一句话，必须把语境同时给对方。知道了这个故事之后，今后如果还有谁对我说"猪"的话，我应该怎么办呢？我站起来看看那个猪在什么地方，这就是后现代，这就是宽容，就是每一个人在交流的过程中必须把自己的语境也交给对方。在这种情况下，隐喻就是行之有效的途径。其实中国人一直都是这么做那就是将心比心。

直觉和悟性的能力，隐喻的能力，都关系到属于个人的意会知识。这是后现代最重要的知识，也是你之为你，他之为他，个人之所以区别于他人的根本所在。歌德曾经说过，那些达官贵人敬佩我，说我知识丰富；知识人人都可以学，我之所以是歌德，是因为我的内心世界。歌德在这里说的知识，就是非嵌入编码知识，而"内心世界"，就是意会知识，核心是主观的意会知识。

（8）主干和枝叶的知识究竟有什么区别？

第一，近现代处于树干上的客观知识或者非嵌入编码知识，以及位于枝叶的后现代的嵌入编码知识等，是一种深度与平面、精英与大众、抽象与现实、规律与当下的关系。近现代已是时过境迁，近现代的大师连同他们的时代一起成为历史，后现代不会再有近现代意义上的大师。

第二，后现代的知识重视当下、细节、生活化，相对于主干知识的深度而言，可以说是以少数大师往日的深度，换来了更多人的参与，每一个个体都是创造者，而不是被创造者。换来了每时每刻的创新，而不是一锤定音。

第三，不违背非嵌入编码知识，所以现在一切后现代的思想观点并不违背和推翻普世价值。知识之树上的枝叶不会反抗主干，会凋零会飘落，但会长出新的枝叶。

（9）科学发展规律

好，下面我们由知识之树来集中看一下科学的发展规律，反过来也是由科学的发展规律这个典型进一步说明知识之树(如图 4-3)。

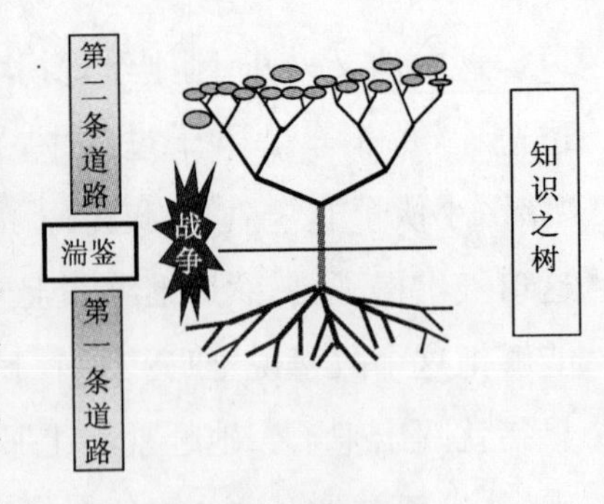

图 4-3　知识之树

在时间上分为三段:远古、近现代和后现代,对应于知识之树的树根、树干和枝叶。其中对应于树干的近现代又分为三小段,分别为希腊、近代和现代。希腊虽属古代,但希腊人所理解的自然界和世界、理解的视角和方法,以及他们的价值观,都与近代人相差无几,正因为此,这里把希腊划到近现代,这也是所谓"言必称希腊"的缘由。当然,这一点若要详细展开,就要"娓娓道来"了。

内容上从三个方面来讨论问题,一个是从本体论,第二个是从认识论,第三个是从价值观、历史观的角度。

远古时期全体而言是一种原始的混沌,什么都不分,本体论上是对象浑然一体,认识论上是物我不分,是原始思维,野性的思维,特点就是老子说的"知者不言,言者不知",一直到培根那里,我们还看到"诗意的感性光辉对人的全身心发出微笑"。价值观上是万物皆有特殊的魅力。从古希腊开始,又分为三个阶段,它们的共同点是,都形成了相对有序和确定的知识。古希腊的自然哲学,与自然界的演化保持原始的一致,这是上堂课讲到的,大家还记得吗? 都是一起往上的斜线。具有逻辑思维,以及祛魅。近代科学开启马克思的第一条道路,与自然界的演化方向相反,现代科学重新一致。那么到了后现代,走向新的混沌,主客体相互作用,直觉思维,宽容理解,自律、他律,返魅,包括诗意的栖居……

图 4-3 就把科学从希腊前到后现代都包括在里面,浓缩了人类的知识之树。

4. 小结

上面讲了知识之树由远古的根须,经过近现代的树干,到后现代的枝叶,这样的三个阶段。

知识之树,远古的根须深深扎根于特定的自然中,每一个侧面每一个细节都是天人合一,但是彼此之间不可通约。经过漫长的岁月逐步形成四大文明,但是彼此之间依然不可通约,然后才有十字军东征等世界史上的重大事件。近代出现了非嵌入编码知识这样的一种知识,超越所有民族和文明,那就是科学、技术、科学理性、技术理性、市场经济、启蒙运动理念,核心就是这些东西。在这些东西的基础之上,后现代重新回到现实中,以及出现了各种各样趣味相投而又聚分不定的社群。这就是知识之树,中间的树干好像是根须和枝叶之间的一面镜子,形成二者之间的一个对称面。有一本书的名字就叫做《湍鉴》，可以看看。

古往今来的战争发生在什么情况呢？第一种情况是，战争发生在古代、远古时期的根须之间，例如部落之间你来我往无休止的战争，我们能说哪一场战争是正义的，哪一场战争是不正义的吗？春秋无义战，就是一种典型的说法。战争第二种情况发生在哪里呢？掌握了非嵌入编码知识的这些国家率先强大起来了，于是就发生对尚处于树根阶段，守着嵌入编码知识的落后国家的战争，殖民与反抗等等，第二种情况发生在这里，战争发生在近现代的非嵌入编码知识和古代的嵌入编码知识、意会知识之间。一次大战、二次大战或多或少都存在这样的一种情况。而一旦大家都接受了非嵌入编码知识，都接受了普世价值之后，战争就比较少，并不是完全没有，战争相对来说比较少。上面讲到，布什本来在知识之树的上面，"9·11"后又回到了下面，推行单边主义，四处为敌。处于不同知识阶段，而又生活在一个世界的各国各民族应该更多地给予宽容。总之，战争发生在第一种情况，知识之树的根须阶段；发生在第二种情况，先行进入树干的国家和仍然处于根须的国家之间，一方殖民和另一方的反抗。一旦大家都接受了非嵌入编码知识，来到树干和树干之上，战争就比较少。康德早就有过类似论述。

从根须一直到中间的那根黑线是不是第一条道路？得出了一些最基本的、本质的、基础的东西。往上，是不是第二条道路？重新回到现实中的建构的过程。有没有哪一位注意到，这两条道路的时间不对称，第一条道路极其缓慢，而树干，也就是两条道路之间的转折，以及接下来的第二条道路则要快得多。这并不意味第二条道路，知识之树由树干到枝叶的道路短暂。生命之树常青，在全人类的呵护之下，知识之树也将常青。

最后，顺便再说一下拉卡托斯的科学研究纲领。他认为科学研究纲领有一个核心，比如说机械论，等等。这样的一个纲领，由大气圈经幔层到内核的路径，大概相当于知识之树由树根到树干的部分，但是它缺了上面的部分。拉卡托斯在提出科学研究纲领之时，后现代科学只是小荷方露尖尖角，初露端倪，所以拉卡托斯的科学研究纲领只是对第一条道路的提炼和总结，缺少对第二条道路的认识，知识之树没有树冠。

三、知识阶梯

知识之树讲透之后，知识阶梯就比较好理解了。由知识之树到知识阶梯就是历史与逻辑的关系。

从逻辑上来理解，树底下是受制于特定历史和自然的形形色色的传统文化，也是人类知识的源泉。中间是作为知识之树主干的科学文化，顶上就是建立于科学文化基础之上的人文文化，问题就很简单了。

其一，由树干向上，存在如同量子阶梯上的那种上向因果关系和下向因果关系，由此可以从一个方面说明科学和文化，以及科学文化与人文文化的关系。知识之树上的上下向因果关系源于世界 3 与世界 1 的同一性，我们在后面的讲座中还要谈到这一点。

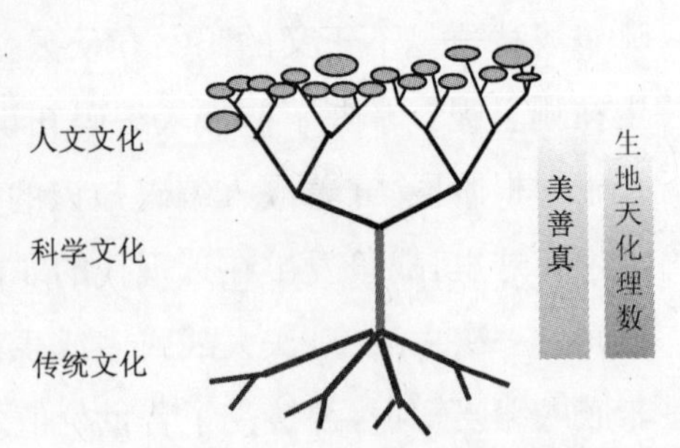

图 4-4　知识之树的逻辑结构

其二，由树干向上，知识形态和关系的规律性变化。下层的知识边界清晰，层次分明；在知识之树上越是往上，知识的边界越是模糊，层次间也模糊不清，甚至可以倒置。

这样，我们就通过这个树，把历史翻译成逻辑。

心中的知识版图。我初次看到这段话觉得非常有意思：奥地利阿尔卑斯山区一个小姑娘说：她喜欢这些非常古老的民间的山里边的音乐，可以重温到爷爷、奶奶，甚至祖奶奶他们的感情，他们对于生活的一种非常纯洁的感情。她喜欢莫扎特，喜欢卡拉扬，那是人类文化的顶峰——顶峰就是非嵌入编码知识，就是能够渗透到一切领域；她又喜欢麦当娜、杰克逊，是因为特别适合宣泄当代的感情。这三种音乐，分别对应于：传统、现代、后现代；对应于知识之树的根须、树干和枝叶。重要的是，这三种音乐，或者说三种知识，可以共存于这位小姑娘的心中。

黑格尔有一句话非常有价值，现代就是最高。你此刻所拥有的一切是你整个历史的积淀。对于一个个人，对于一个国家，都是如此，此刻、现在就是最高。所以这三种知识，这颗树上的全部知识现在共存于世界，它并不是说现在世界上只有后现代，只有现代，它们都处于世界之中。所以我们注定生活在这个世界上，要与这三个知识同时相处，这就是我关于知识之树的理解。谢谢大家！

提问与探讨

请各位提问。

（1）提问者：我听了您的讲座感觉您是把科学文化作为一种非嵌入编码知识来

看待的，但是我有一个感觉是，其实科学文化也好，科学知识也好它还是有地方性的，非嵌入知识它是理想化的，现实中知识都是有地方性的，比如牛顿定律，只要我们去认识它，去应用它都是在当下的、历史的，所以从一种绝对的评判来说，它还是历史的。

吕：应用了就嵌入了，放在那里它就不嵌入，它可以应用到一切领域，在应用的过程中就是嵌入。但是它们之所以能应用到一切领域，在于它本身是非嵌入的，正因为是非嵌入，所以才能够应用到一切领域。你不能说它应用到这个领域，所以牛顿定律本身是嵌入的，是什么“地方性”知识。特定的个人在特定的场合，带着特定的目的去应用牛顿定律，当然是“当下”和“历史”的，场景不一样所以它有不同的结果。但并不是说牛顿定律本身就是嵌入的。

(2) 提问者：吕老师，我有两个问题。第一个问题是，您刚才提到比较原始、混沌的思维，虽然他们互相不能通约，但在某些方面又有相似的地方，我的理解是：是不是文化里面非嵌入性的东西可能会有相似性，比如说逻辑，或者举例来说《圣经》里面说上帝用泥土造人，中国女娲造人也是用泥土造人，是不是出于人在最初的时候的简陋的逻辑，泥土可以造东西，也就可以造人，所以才造成文化之间细微的相似之处？我的第二个问题是，您还提到一句话：民族文化是消融而非消亡，我想问您：在中国先秦的时候，当时有六国，后来秦国统一，秦灭六国，消灭了六国的文字也相当于就是消灭了六国的历史和文化，但是相对来说，六国的文化（因为六国的人并没有死光）到底该算是消融到后来的汉朝里面，还是六国文化就已经消亡了？

吕：好，谢谢你的问题。关于第一个问题，我刚才就是用那个蛇来说明这一点。我的观点就是他可能所处的环境各异，但是生活在其中的人都是从东非走出来的，那么这些人都想了解自己的由来，你从哪里来，到哪里去，这是哲学问题，你是谁？那么他在试图回答这些问题的时候，从主体的角度显示出某种共性。之所以显示出某种共性的第二个特点在于他们都是相当的原始，所以他们的思维方式应该有某种共同之处，他们的问题有共同之处，他们的思维方式有共同之处，但是这种思维方式我想谈不上“逻辑”两个字。不过你的问题又启发了我。既然理性和逻辑的近现代人的心底深处依然潜伏有野性思维和原始思维，到后现代就冒了出来，艺术家就更为明显；那么反过来说，在野性的原始人身上，同样有理性和逻辑的种子，这样的逻辑和理性的种子在世界各民族中，在古希腊人那里率先萌芽。

对于第二个问题：秦灭六国已是遥远的过去，我想实际上到现在孔子的故里，还是在说我们的齐国怎么样，江苏还在说我们吴越文化怎么样等等。六国，实际上依然以各种形式流传在那里，它没有真正地消亡。作为一个国家、作为一个特定整体的民族，它不存在了，但是它的文化，比如说我们吃粽子等等，那都是它们的一种流传，而且不仅楚人，实际上更多人吃粽子，划龙舟。民族文化，从根须走出来，走出来之后，淡化根须所依附的特定的土壤和原来的东西，保留其中的普遍性，那么每一根根须的东西并不是就不存在了，而是随着个人流淌到全世界。中国的留学生到了国外，难道他就不是中国人了吗？他依然保留着很多中国的东西，外国留学生到中国同样保留着各自的东西，但作为一个民族、一个部落不再存在了，但作为个人的东西依然流淌下去。只要这样的一种个人所携带的文化基因，不违背普世价值，我想这个普世价值之上的个性和特殊性都是值得保留和交流，至少是应该得到宽容的东西。

(3) 提问者：人文精神能不能使科学技术研究沿着正确的方向发展？

吕：对于这个问题我实在是持相对来说比较悲观的态度。在座不知道有没有伦理学的博士、老师？目前中国的政界和伦理学界的一些人以为伦理学能够解决很多问题，但是我感觉到从科学一步步发展到现在，很难找到一个由于伦理学的干预而改变了科学技术方向的事例，真的很难。那么今后究竟会怎么样，如果我们以后有机会可以讲一讲科技双刃剑这个问题。譬如说人畜合一之类这样的东西都做出来了，你说我们怎么说呢？恐怕伦理学挡不住科学狂人的所作所为。不过我想起来还是应该有一点作用的，那就是在一战期间，有一位化学家哈柏发明了毒气，在一战中使用，后来他自杀了，他经不起内心的良心的质问，这大概可以归结为是伦理学的胜利。不过看看二战期间日本的731部队，现在叙利亚战争中的化学武器、美国的贫铀弹、还有“棱镜”……实在难以让我相信伦理学的作用，即使持非常谨慎的乐观。

(4) 提问者：您刚才说牛顿定律是非嵌入的编码知识，但是我们知道这些定律它是有一定的适用的前提，比如说在宏观领域当中牛顿定律才适用，但这样一个前提我可不可以把它理解为一种特定的语境，这和您说的要把它放到语境中去变成嵌入性编码知识有什么关联？

吕：我想是可以这么理解的，比如说波义耳定律，压强和体积成反比，这是在一定的压强范围之内适用，牛顿定律是宏观低速的领域，当然我从这个角度来说是嵌入的，那么最不嵌入的大概就是逻辑、数学，所以科学定律除非比如说物质不灭定律、能量守恒定律，可能到目前为止，虽然我们现在发现了暗物质、暗能量，但还没有突破这一点，它可以像你这样理解的：在这个范围之内是有效的，在范围之外不行。

(5) 提问者：听了你的讲座我有一个想法，不知道我想的正确不正确，我想听听您的看法。

吕:你是认为我是元芳吗?(众笑)

提问者:一个知识能够脱离对象、脱离主体而存在,构成一种独立的研究对象。知识发展过程中,我们把知识作为一个客观研究对象:知识可以作为一个对象而存在,从而我们可以对它进行研究,进而产生了知识之树。因为波普尔讲过客观知识里面包括了问题,"问题"本身是不是也可以作为客观对象而成为我们的研究对象,我的理解是:问题是属于客观知识的一种,从而问题也可以脱离主体而存在。但是我总感觉到问题不能脱离对象而存在,从历史到逻辑来看,从历史来看,现在我们已经走到了这个社会,像经济学一样已经产生了客观的对象,我们以前认为作为客观知识而存在的问题是离不开主体的,但是近现代以来我们可以认为,作为客观知识而存在的问题是可以脱离主体而存在的,比如说我们现在追问暗物质是什么,这个问题可以脱离科学认知主体而存在,那么作为客观知识而存在的问题可以作为一种客观存在的研究对象,从而可以寻找它作为客观知识中的问题而存在的特征,从这里面可以看到一个问题如何选择出来。您讲到的运动曲线,就体现出了一个作为客观知识而存在的问题如何选择出来。这是我的理解,不知道是否正确。

吕:对于"问题"本身的研究,你在导师的指导下刚刚开始对这个课题迈出第一条道路的第一步,当你迈出第一步刚刚开始对问题进行研究的时候,你怎么可能让它摆脱世界1呢?你怎么可能让它摆脱世界2呢?到什么时候才能够达到这一点?你要沿着这条道路一直走,走到第一条道路的终点,走到转折点,才能到这样的状态。所以你刚刚迈出这一步,你现在还不能够说我马上就需要得到一个能够脱离整个世界2,脱离整个世界1的干巴巴的、完全是抽象的、纯粹是理论的客观知识的、非嵌入编码知识的问题。第二点,并不是什么知识最终都可以走向客观知识,有些知识我们走到一半,它必然、它不可避免地与它的对象、主体等在一起。我的观点是不求非要得出一个纯粹客观的什么问题,如果这两者不可分割,那么这也是一种结论。研究完全没有先入之见,我们研究到哪一步就是哪一步,如果你揭示问题与对象不可分割,这难道不也是一个很好的结论吗?所以你是想方设法围绕着你的博士论文提问题。

(6) 提问者:您说科学文化是非嵌入编码知识,可以理解成科学无国界吗?

吕:在传统的意义上科学无国界,但是现在看来,科学在某种意义上也是有国界的。第一,美国人到中国来采集中国人的DNA样本,这不就有国界了吗?第二,现在公司要雇用你,先看看你的DNA有没有什么遗传基因,有没有问题,这里面就有隐私。科学有国界、科学有隐私。第三,现在的科学越来越和技术结合起来,例如一种实验手段可以很方便地转化为技术。一旦科学和技术结合起来,这里面就涉及利益。

所以传统上，近现代科学我们说它无国界、后现代。随着生命科学的发展，随着后现代科学的发展，以及科学和技术紧密结合在一起，科学有国界。

(7) 提问者：请问"民族的就是世界的"您如何理解？

吕：这句话需要有很多很多的定语，有很多很多的修饰词，当代中国的诚信缺失你说这是世界的？再比如说中国在钓鱼岛事件上那些游行的人砸车这些事情，难道是世界的？民族的就是世界的这里面不能够违背一个人的底线。如果违背底线它肯定不是世界的，当然我们可以从另外一个角度来讲，中国的一些陋习的世界性，中国人当走向世界的时候还有什么事情可以做呢？去发现世界各国规则的漏洞，中国人绝对是第一位。跑到那里两天，我们就能够发现它的漏洞，开始从漏洞下手去腐蚀那个国家，或者自己来获利。所以民族的就是世界的，首先我觉得底线是不能够违背的，在不违背底线的基础之上，什么花样都是可以的，有花样就是世界的，比如说莫言的《红高粱》等作品里面有很多民族的东西，甚至于看起来是落后的东西，我是这样来理解的。

另外，有一点就是民族的变成世界的必须经过相应的程序。比如说少数民族的一首歌，如果没有经过五线谱的整理，你唱得出吗？当年南美的一首民歌《小小的礼品》，如果没有刘淑芳去演唱、去演绎，那么这首歌就不会走向世界。所以，第一，它必须不违背人的普世价值；第二，它确实要有它自己的特殊的东西；第三，它一定要有相应的程序。

(8) 提问者：吕老师，我在不同的事情、不同的场合听你谈知识，每次都能给我带来新意，但我注意到这次您没有提知识流，但是您在提非嵌入编码知识的时候有一些观点和您以前谈到的知识流有一点交融的地方，我想问问吕老师您是对知识流不感兴趣了，还是在后面的某一个讲座里面会谈这个问题？因为我觉得您谈的知识流也是非常重要的。

吕：知识流当然是重要的，因为这是浓缩十讲，那么在浓缩的过程中有些东西就割爱了。现在既然你提起，我争取在下一次讲到知识的权力的时候把它考虑进去。

第五讲　知识与权力

——现代性与现代化

（顾益整理）

知识与权力的关系现在是比较时髦的，感觉到我一下子也未必能够说得清楚，试试看。

一、权力

权力，我想生活在中国这块土地上的每个人，时时刻刻无不感受到权力巨大的影响。

所谓权力，指一部分人对另一部分人的支配权。

权力有一个作用者和承受者。比如说，此刻我就有这个权力对各位在某种意义上施加权力，我就是作用者，各位就是承受者。

权力具有范围和条件，比如说我此时的这个权力就仅限于这两个小时，这个教室。权力本身会受到制约，如果我滥用权力，假如我讲的这个东西没有意思，你们就可以走掉，这就是制约，权力的合法性就像这样一个讲座等等，权力有这样一些具体的限定。

关于谢嘉幸先生，我在科学网上第一次知道他，他本身是一个音乐学院的教授，却写了一篇关于知识、权力与资本的关系的文章。他说，政府按行政原则办事，公司奉行利润原则，大学则遵循学术独立原则，这是社会得以良性运行的三大原则，而且彼此之间不可以交换。例如公司不能以金钱去收买政府做出有利于他的制度安排，等等。所以钱和权力之类不能在三者之间互相流通。电视连续剧《货币》，把一切都折算成货币。有些东西是不能折算的。大学提供公共知识，比如说关于行政原则的知识，关于公司利润原则的知识，也就是说，大学提供关于权力运行的知识，提供钱的运行和增值的知识，等等。这样的知识在社会的运行中就构成所谓“知识的统治”，这是三大原则中的基础。

当然了，和几乎所有的学术研究一样，这个三大原则说的也是理想状态，实际上彼此之间关系界限是模糊的。譬如学而优则仕，这样的一个事情不仅仅是学者、文人墨客的一个目标，书中自有黄金屋，书中自有颜如玉；而且也是一个政权的需要，有了这样的一种学而优则仕，精英就失去了独立性。当代的知识分子实际上自从 1992 年之后就发生了分化，或者投入权力的怀抱，或者跟钱合一，独立的知识分子越来越少。如果精英完全投入权和钱的怀抱，那么国家和民族的命运的堕落也就不可避免。谢嘉幸先生能够以一个音乐学院教授的身份提出这样的一些想法十分有意思。

二、编码知识和意会知识

上一次课谈到了编码知识和意会知识。编码知识以严密的逻辑表达，其载体可以是人，也可以脱离人而存在，比如 U 盘、录音笔。而意会知识没法交流，其载体只能是人，没法共享，包括“前理解”、“后解释”、无意识性、特定的语境性等等。我们的知识，现在所说的知识不过是所有的知识的冰山上面的一部分，大部分甚至 80%或 90%都在冰山的底下。人生是一个复数，是由实部和虚部共同组成的，所以虚部——意会知识才是一个人之所以是他或者是另外一个人的根本，实部只不过是形形色色的证书和文凭之类，虚部才是他的内心实在的情况。

客观的意会知识是编码知识的原料，它早晚可以编码，而主观的意会知识对编码知识进行操作。我们问：编码知识是否可以无限扩展？有没有界限？编码知识可以无限扩展，不断增加，那么增加到某个时刻、某种程度，我们是不是可以说，一切知识最终都可以编码？可以这么说吗：所有的知识、意会知识都可以彻底编码，比如说现在的人工智能？我的观点是意会知识不可能完全编码，总有不能够编码的部分。随着我们的编码不断地扩展，我们的意会知识也在一路向前，总有不能编码的部分。编码与意会知识之间的这种张力就是知识继续扩展的一种动力。而编码知识越是广泛，意会知识的潜在的范围就越大，越可能得出新的发现，所以把最后一句话考虑进去，知识的增长不是线性而是指数增长。

了解了四种知识之后，再来看我们前面谈到过的科技黑箱，在科技黑箱中集成了编码知识，也集成了意会知识，它是一种知识的集成。

三、什么样的知识是权力

我们分别来看这样的四种知识与权力的关系。

第一,主观的隐性知识或者意会知识。一个人在长期的相处过程中表现出的这样一种能力、人格魅力甚至于奇理斯玛。从这个角度我们感觉到雅思贝尔斯所说的"轴心时代",它的共同点就是奇理斯玛,无论是基督教、佛教、伊斯兰教还是中国的儒家文化,在这个时期都出现了有某种人格魅力的人物。按理说这样的人格魅力在共同相处的很小范围之内才能够有效,但是实际上为什么这些具有人格魅力的人能够形成四大文明呢?有如此大的扩散能力呢?我想这大概与当时的人普遍缺乏一种自我的理性能力有关,以及与大量的所谓神迹有关。主观的隐性知识一般说起来它的范围是非常有限的,譬如限于一个家庭、一家公司。但是在轴心时代,它的范围却能够扩展到如此之大。当然不是说这种情况现在就不存在了,我们在纳粹时期就看到了。众人的人格"收敛"到具有奇理斯玛的个人身上。这样,拥有主观意会知识的人,对与之相处的人,对信奉主观意会知识的人拥有权力。一旦神迹破灭,自我意识觉醒,主观意会知识的权力随之解体。

时至今日,基督教和佛教等之所以有大批信徒,主要不是主观的意会知识,更不是神迹,而是目前所传授的教义中所包含的普世价值,也就是在于非嵌入编码知识。

第二,客观的意会知识。客观的意会知识是不是一种权力呢?它是一种经验,比如工厂里的一位老师傅开着机床,他能完成复杂的操作,保质保量,精确控制,但是到底是怎么做到这一点的,他说不出来,他有这个经验,于是他对需要这种经验的人就拥有权力。

第三,嵌入的编码知识。在所嵌入的范围内它能够说清楚道理,能够让周围的人同时也能够达到这样的一种高度,于是它就拥有权力。但是这种知识存在有竞争对手。

最后,非嵌入编码知识的权力。它具有很高的可信度,但它没有权力。我们有没有看到某个人以勾股定理实行对他人的控制呢?不可能的事情。

由此看来,知识就是权力,我想主要就是指客观的隐性知识或者意会知识,以及嵌入的编码知识而言。我们先给出这样的一种结论:知识权力的范围与嵌入的范围成正比。我对在座的各位拥有的权力与我们在座各位对我的知识的认可程度成正比;与愿意听我讲话的这些人数成正比。而非嵌入编码知识拥有对全人类的权力,而且这种权力是以潜移默化、微分、规训和促逼的方式起作用。后面这些方式除了潜移默化之外，微分、规训和促逼那就是现代西方哲学的一种说法。我们先给出结论，接下来我们来论证这样一些问题。

四、嵌入编码知识的权力

1. 嵌入编码知识的嵌入态

首先，我们进一步来考察嵌入编码知识的权力，这一点与嵌入编码知识之“嵌入”的状态密切有关。嵌入编码知识具有以下几种嵌入的状态。

第一，特定语境和特定语境中的对象。如此时、此刻、此地、此情、此景。嵌入编码知识与特定对象及其所处的特定环境是不可分割的。在这种情况下，知识就是嵌入于世界1，包括对象和语境。例如实验室的规则、医院的规则、一个车间的规则、一个国家的规则，等等，这是空间。在时间上，譬如上下课，下课时就无权要求学生坐直，不说话。显然，要是在这个语境中的特定的人群走掉了，对他就没有权力可言了。譬如说医院里对医生的消毒要求，不能延伸到医生下班到了商店和家庭。移民之后，国家的权力就够不着了。

第二，不管在哪里，这些人群之间都拥有权力。大约有这样的几种情况：其一，这些人具有共同历史起源，比如说龙的传人，比如说血缘关系、家庭、乡亲们；其二，拥有共同的价值观、情感、兴趣，如社群、恋人、信徒；其三，拥有共同的利益，如各类公司、IBM、“苹果”等。当下中国的利益集团不知是否可以归入此类。“我们不要互相伤害”大概可以说明问题。以上种种，知识嵌入态，是与世界2嵌入，与特定的人、主体不可分割。

上述两种嵌入编码知识就是与世界1、世界2有千丝万缕联系的世界3。

第三种嵌入的编码知识可以说是嵌入于世界3。这种知识的典型可以说就是医学知识，比如说CT，比如说超声波。这里的要点在于哪里呢？

第一个特点是，这样的一种知识的获得需要高昂的代价，比如医学院的学生，北京医学院、协和医学院可能需要学习八年，然后或许还要继续深造，要学很多东西，要综合许多的知识，需要复杂的仪器设备，需要高昂的费用，这是一个很高的进入门槛，因而简直就类似于意会知识那样属于个人所有。这里说的是可以供给的知识。

第二个特点，再来看“求”的一方。要是得了病，病人和他的家属，这样的一些人就对这种知识产生强烈的需求。正是由于这样的一种供求关系，于是拥有知识的人对于需要知识的人就拥有权力。病人需要在特定的时间和地点，找到拥有特定知识的人，来治疗疑难杂症。这就是知识社会的“when, where, who, and how”。此类嵌入编码知识存在典型和对应的供求关系，这是这种嵌入编码知识的第二个特点。

第三个特点是，这种知识的特点是嵌入在整个科学技术知识之中的某一块，它的作用，需要其他知识的协同配合，这种知识嵌入整个知识之中。

这就是这种嵌入编码知识的特殊性。一方面从根本上说，其本质是非嵌入编码知识，并不对特定的人拥有权力。另一方面，由于进入的高门槛，由于强烈的需求，以及知识的整体性，又带有嵌入的特征，对特定的人拥有权力。需要有制度和医德来制约和规范这种特殊的嵌入编码知识的权力。

知识的嵌入有这样的三种状况，与世界 1 嵌入、与世界 2 嵌入，以及嵌入于世界 3 之中。

2. 嵌入编码知识的权力与嵌入态的关系

这样的三种嵌入态的编码知识，相应地具有三种权力。

第一，为维护“语境”的存在和运行，比如说此刻这个教室里的秩序，我拥有权力。语境的管理者对处于语境中的人拥有权力。政府对它的人民，管辖范围内的人民拥有权力。企业对它的员工拥有权力。为了维护“语境”的存在和运行，比如说“稳定压倒一切”就是权力直截了当的宣称。

第二，为了共同的历史和未来，因此同一人群中的他人拥有了权力。这里还包括，为了共同的历史和未来利益等等，比如说外族入侵，比如说日本入侵，比如说钓鱼岛事件。外面的威胁越大，内部的权力也就越大。中国在上世纪二三十年代曾经有过一种由下而上的内生的现代化倾向，但是日本的入侵改变了内部的权力，于是内部就拥有了对人民的更大的权力。

第三，因特定的匮乏和特定的需求而在医患之间形成的权力。

3. 嵌入编码知识权力的性质

嵌入编码知识的权力因为知识的三种不同的嵌入方式而拥有了三类有关的但是又不同的权力。整体而言，这种权力一般具有这样的一些特征：

针对性。特定的权力对特定的你。正如世界上没有无缘无故的爱，没有无缘无故的恨一样，这个权力也是如此。权力的边界与知识嵌入的边界相一致，知识的边界有多大，权力的边界就有多大。有一类因素会对这种权力构成制约，那就是对于这种权力相匹配的知识的有效需求。此刻如果没有人愿意听我讲，甚至离开教室，那我这个权力还有用吗？因而这种权力与有效需求有关，到底有多大的关联，看我这个知识到底对你们有多大的吸引力，看接受方的谈判能力、支付能力。例如某人下午有课，不能来听，这里就有一个价值判断和权衡。还有你自己获得知识的能力。例如久病成良医，我就不到医院去了，特别的医生与特别的患者之间的权力也就不复存在。如此等等。

受制约性。这样的一种知识和相应的权力本身依赖于权力的作用者。要是没有权力的承受者，权力怎么运行？所以不民主的国家通常都反对，要严令禁止偷渡等等，我的臣民都跑掉了，我的权力到哪里去？

惰性。我们都知道斯德哥尔摩综合症，所谓斯德哥尔摩综合症，说的是什么意思呢？我绑架了一个人质，这个人质最后竟然嫁给我，他最后感恩于我，觉得我还是最好的。那么为什么会发生这种斯德哥尔摩综合症的呢？其中有一个重要的原因就是这个人质他不能够离开绑架者，他通过各种手段把他控制在那里，以及这个人质是不知道外界的信息的。在这种情况之下，被绑架者的满脑子都是绑架者，他的一切不再面目可憎，所言所行变得可以接受，甚至还有几分可爱。前苏联电影《第四十一》图解了这样的过程。被绑架者甚至离开这样绑架的环境就不能生存，这是美国名片《肖申克的救赎》说的故事。我们身边的这个权力的惰性比比皆是，随处可见。

互易性。皇帝轮流坐，明年到我家。它存在竞争者，存在权力的觊觎者，前者比如说，三星与“苹果”的竞争，后者如中国的传统社会和现在的非洲小国。另外它又可以用权力来制约权力，等等。

最后，嵌入编码知识的权力会发生异化，因为它可以由推行权力而获利。比如说我这里有一个很清楚、很简单的获利的例证：来这里上课要交钱，或者必须为我做点什么事情。医患矛盾就源于此。还可以通过暴力、欺骗，以巩固、延续、扩大、强化权力，想方设法摆脱监督，摆脱被互易的命运，从而获取最大利益。嵌入编码知识权力的背后会产生利益关系。

4. 嵌入编码知识与权力的关系

那么，这种知识与权力之间究竟存在什么样的关系呢？互为条件，讲得难听一点就是狼狈为奸，好听一些就是唇齿相依。嵌入编码知识通过强调语境的特殊性：此时此刻、共同的起源、共同的目标，以及外部的挑战。所以中华民族凝聚起来了，多难兴邦，凝聚了。“5·12”大地震之后有一份报道就这么说：大地的裂缝弥合了人间的裂缝。嵌入编码知识论证权力的合法性，权力，它的效用源于承受者对这样一种知识的认同程度。反过来，权力赋予嵌入编码知识以唯一正确不容置辩的地位。知识论证权力的合法性，权力赋予这个知识以唯一正确的地位。这就是嵌入的编码知识与权力的关系。

记得在《宰相刘罗锅》里有这样一首歌：故事里的事，说是就是不是也是；故事里的事，说不是就不是是也不是。似乎这里面也有知识和权力的关系。

上堂课有同学提到知识流，我后来没有时间进一步细细地考察知识流，也没有机会到企业里面去了解情况。知识流过一个一个结点，比如说从国家重点实验室流到了研究生院，或者是通过教务处由一个个老师和一堂堂课一步一步流下去；另外一条路，从东南大学流向科技园，再由科技园流到企业和市场等等。在知识流经的每一个位置上都发生了嵌入状态的变化，因此在每一个环节都会有权力的影响。流过去，通过我的权力施加影响，而接受者会通过自己的利益来判断我是否接受或者不接受这样的一种知识。在每一个环节都发生知识的嵌入态的变化，因而也就是知识权力的变化。联系皮克林的实践冲撞理论就更是如此了，冲撞，凭什么冲撞？怎么冲撞？因为在冲撞的背后有权力之争。

5．*必要的张力*

没有权力的知识缺少影响，而没有知识的权力没了方向和存在的合法性。

（1）知识的权力化

知识怎么会获得权力呢？我想大概有以下几点：

第一，必须实行控制和管理。这里我们可以看看工具理性或者技术理性的作用。计算，是怎么变成一种权力的呢？投入产出比和功能价格比是怎么变成一种权力的呢？其途径就在于控制和管理。

第二，要求作用对象保持与某种特殊精神的一致性，以凝聚起来为了同一个目标。

第三，关于知识产权很有意思，知识产权所涉及的知识是流动的，是非嵌入以及可以共享，通过知识产权而使它嵌入。有些知识的嵌入是它本来的情况，譬如上面谈到的类型，它本来就是嵌入的，没法提取出来，跟语境、跟主体不可分割。但是有些知识本来是非嵌入的，通过设置知识产权让它嵌入而拥有权力，其目的是让创新者获利，从而创新得以持续。所以发现跟发明是不一样的。某人发现了什么三大定律，乔布斯则发明了 iPhone 等等。前者无利可图，后者有利可图。

第四，知识的专门化，也就是因特定的组织制度而获得权力。所以知识不对称、信息不对称的背后就是权力。信息不对称是经常、时时刻刻发生的。作为一个领导他就拥有更多的信息，于是他就通过这个信息对缺乏信息的人施加了权力。你看系主任，或者院长、校长，从专业知识上到底与普通的教授有多大的区别，我们看不出有多大区别，但是他拥有更多的信息。我们到商店去买东西，商店的营业员只需要晓得，我能不能拿出这个钱来买就行了，但是我对这个商品里面的东西到底是真是假，我什么都不知道。历来都有“只有错买没有错卖”之说，于是店家就对我拥有权力。知识的不对称就是权力，这就是知识就是权力的渊源。所以当年培根说 the knowledge is power。现在已经不知道培根的本意究竟是什么，而后人现在可以不断地对这句话进行重新解释。

(2) 知识的权力——选择和塑造

知识的权力不仅仅是管理的问题，更重要的是来自于对知识的特定载体的选择和塑造。比如说现在的复杂性科学所讨论的一个重要内容是“生成”或是“涌现”。涌现不是从一种实体简单地到另一种实体，而是信息不断地选择和组织质料，因为特定质料的组合就产生了信息，反过来说，这样的信息必须以这样的质料作为载体。例如在 DNA 的指令下，细胞对环境中的特定物质进行筛选。放在社会中来看，这就是组织部的功能。公司、学校的招聘也是这样。既然嵌入编码知识与特定的世界 2 不可分，也就是说，只有特定的人才能作为嵌入编码知识的载体，并将这样的知识发扬光大。若是一时还不能完全做到这一点，那就通过培训、锻炼、考验等环节加以塑造，以使嵌入编码知识与其载体相一致。

“五道杠”是在中国特定的语境下，活生生把一个天真的少年儿童塑造成官的原型，以传承和发扬嵌入编码知识，以传承和巩固权力。铁打的衙门流水的官，这个衙门就是信息，就是知识。关于这一点的最新的、最刺激的、最令人震惊的一句话是“祖国最终选择了忠于她的人”。一句话马上把人分为了两类。这就是知识的权力，权力不仅仅在于控制，而且在于选择，在于塑造，它把人塑造成某种特种质料，而这样的一种质料能够继续这样一种知识，继续这样一种权力。这样的一句口号未必是官方提出的，或许来自民间，但是央视把这句话放大，放大也就是一种选择，就是一种塑造。

(3) 知识的非权力化

嵌入编码知识是怎样非权力化的呢？其一，竞争对手的加入。很简单，这所医院，这个医生，对患者有这样的一种权力，那么还有其他医院和医生呢？患者可以到其他地方去。所以竞争或者市场经济是破除嵌入编码知识权力的一个有效的途径。其二，知识普及——大家都学得会。其三，人员，也就是嵌入编码知识的载体流动，离开了所嵌入的语境，例如各级领导的调动就打破了这样的权力。还有知识产权保护期缩短等等。

五、非嵌入编码知识的权力

1. 非嵌入编码知识示例

下面考察非嵌入编码知识的权力。从内容上看，非嵌入编码知识大概有这些：科学、技术、经济学、启蒙运动理念。

第一，科学。首先，科学研究的对象是自然界，而自然界是人类的起点，也是人类身体的组成部分，因而除了极少数有先天生理缺陷的个体以外，对于所有人都是一样的。其次，科学是人类全部知识体系的基础。再次，从我们前面所讲到的马克思的"两条道路"来理解，科学所讨论的是两条道路的转折点上所得到的知识——客观知识。

第二，技术。从哪些角度来理解技术是非嵌入编码知识呢？首先，一切实践活动它的底线就是投入产出比和功能价格比，做任何事情都要考虑这一点。其次，科技黑箱在这里面究竟起什么作用呢？我想它就是破除嵌入编码知识的权力。其一，消解知识因艰难性、专门性、综合性所构成的嵌入性。比如说你家里有一个量血压的仪器，你自己量就是，用得着医生吗？有了这么一个东西，医生的一部分权力就消解掉了。其二，科技黑箱普遍适用。环球同此凉热，从而消解特殊。如果知识所嵌入的语境都一样了，还谈得上"嵌入"吗？知识不嵌入，相应的权力也就烟消云散。

科学技术是人的三大关系的出发点。在人的三大关系，也就是人与自然的关系、人与人的关系，以及人与自身的关系中，人与自然的关系是三大关系的基础；因而科学技术也就是人类所有活动的共同基础。

第三，经济学。经济活动是人类一切活动的基础。首先你要吃饭，要满足生理需求，还有衣食住行等，这些方面都会发生人与物之间的关系，以及在此基础上的人际关系，乃至由此而生发出来的幸福感等。既然如此，那么经济学当然是人文社会科学的基础。

第四，启蒙运动理念，其核心就是基本人权。人与人之间的所有交往，最终必须以启蒙运动的理念、民主等作为基本的出发点。中央党校的一位副校长讲到，民主就是普世价值，如果认为民主都不是普世价值，那么我就是把民主这样一个美好的事物让给资产阶级了，我们为什么不把这个东西接手过来呢？

非嵌入编码知识主要就是上述四个方面。

2. 非嵌入编码知识的哲学分析

非嵌入编码知识具有层次。在科学中，可以看到与量子阶梯相一致的物理学、化学、生物学等等，大家说得很顺的"数理化天地生"，其实其中隐含了知识的层次。在人文社会科学，可以看到与马斯洛需求层次相一致的经济学如经济人假设，伦理学如"己所不欲勿施于人"，以及审美。把自然科学和人文社会科学综合起来看，就是熟知的"真善美"，这个次序也有知识层次的含义。

以下从本体论、认识论和价值观三个角度来进一步理解非嵌入编码知识。

在本体论上，非嵌入编码知识涉及对象的起点和基础。这一点类似于希腊自然哲学中的始基演化说，什么是万物的始基和本原，什么是一切原因的原因，也就是第一因，所以看起来它叫做宏大叙事、基础主义或者本质主义。

从认识论的角度来看，它属于马克思"两条道路"的转折点，也就是抽象、脱域，把主观的东西屏蔽掉，把语境屏蔽掉，把偶然性去掉。

在价值观上面，非嵌入编码知识与个别的特定的历史和国家无关，与特殊的好恶无关，属于人类普遍和永恒的东西。比如说《双城记》，比如说《九三年》谈到的人道主义，什么时候、哪个国家都会认同和接受这一点。所以它是属于人类的东西，是永恒的东西。

非嵌入编码知识，独立于对象和语境，独立于世界1；非嵌入编码知识独立于生活在特定时刻的个体，独立于世界2；非嵌入编码知识是从世界1、世界2及二者的相互作用中独立出来的世界3。

3. 非嵌入编码知识的渗透性

正因为非嵌入，所以非嵌入编码知识能够渗透到一切领域。

第一，因为它是基础，所以非嵌入编码知识可以渗透到在它之上的所有高层。比如说物理学，物理学为什么能够渗透到化学、生物学等其他领域，怎么没有看到生物学渗透到物理学里面呢？因为物理学特别是经典物理学讨论的是基本物理运动：机械运动、电磁运动、热运动，这三种运动是其他所有运动的共同基础。经济学帝国主义，利益是人的一切想法和活动的基础，我们可以超越利益，然而在这么说的时候恰恰承认了利益的基础性。

第二，因其抽象性而能够与各种语境相结合，渗透到嵌入编码知识之中。比如化学所讨论的 H_2O，那么这瓶里面难道不是水了吗？当然了，H_2O 放在这瓶里面，放在这样一种温度，或者明天它发生什么变化，就要再加上很多修饰条件，但是 H_2O 的组成、结构和性质等非嵌入编码知识，可以渗透到玄武湖的水、北冰洋的水……

第三，因它没有任何价值，所以可以和各种特定的善和美结合起来，这一点实际上是"科技双刃剑"的理论基础。正因为非嵌入编码知识没有特定的价值，因而具有普遍的和永恒的价值。至于科技黑箱，因为它的效用可以放在一切实践环节之中，因而也具有非嵌入编码知识的特征。

知识的权力源于各种知识本身的性质不同。

4. 非嵌入编码知识的权力

那么非嵌入编码知识的权力是什么呢？

比如说牛顿定律，它有作用者吗？它没有作用者。权力的承受者是整个人类。没有人因行使权力而获利。

非嵌入编码知识的权力没有边界。非嵌入编码知识没有边界，因此与之相应的权力也就没有边界。

非嵌入编码知识的权力不受其接受者的制约，无论你在也好，不在也好；承认也好，拒不承认也好，都以一种迟早会被接受的姿态发挥作用，这就是非嵌入编码知识的权力。拒不接收者早晚会自我边缘化。

这样的一种知识的权力，并不是由外在权力赋予它正确与否，而在于它自身，它的权力来自于它自身。正因为如此，非嵌入编码知识便具有最大的权力，以至各色嵌入编码知识，都想方设法把自己打扮成非嵌入编码知识，以偷运私货，从中牟利。套用罗兰夫人的一句话，"自由，自由，多少罪恶假汝之名以行"，那么现在的社会上，能够为大家认可的非嵌入编码知识就是科学，任何时候什么东西前面加了科学两个字它就成了正当的。这反过来说明科学是非嵌入的。

可以联想起老子的"道"。知识就是权力，道就是权力。道就是非嵌入编码知识。因此，道不是嵌入的编码知识，不是封建王朝，不是封建官员所拥有的权力。几千年前中国这样的伟人，能够看穿人间所有的权力，"道"就是权力。道就是非嵌入编码知识。

我们比较一下嵌入与非嵌入编码知识的权力。比如说，嵌入编码知识权力的"互易性"，请大家注意一下它的任期，这是正常的，还可以通过非正常的途径，那就是推翻，那就是革命。这反过来说明这是一种什么权力？这是一种嵌入编码知识的权力。所以这两种权力执行、推进的方式完全不一样。

嵌入与非嵌入编码知识权力比较

	非嵌入编码知识	嵌入编码知识
主体	没有作用者,承受者是人类	针对性,特定的人对特定的人
边界	没有边界	特定语境,权力的边界与知识嵌入边界一致
利益	没有人因行使权力获利,接受者免受伤害	以欺骗或暴力占有、延续、扩大、强化权力,摆脱监督和互易,获取最大利益;权力异化
运行	权力没有制约,以迟早会被接受的姿态潜移默化地发挥作用。拒不接受者将落伍或边缘化(促逼)	承受者的谈判能力,以权力制约权力
合法性	在于非嵌入编码知识自身,不依赖外在的权力	互易;任期或非正常途径;承受者获取知识;竞争

六、科技知识与传统文化的权力之争

具备了上述关于知识与权力关系的基本概念,现在可以来考察一下,科技知识与传统文化的权力之争,实际上也就是非嵌入编码知识与嵌入编码知识的权力之争。

1. 传统文化及其权力

传统文化的权力是从何而来的呢?每一种传统文化,都有特定的自然地理条件,黄河之滨、亚得里亚海,或者是沙漠,或者北极;都有它自己的特定的历史,比如说“龙的传人”,以及要考虑到周边的其他居住者。上述种种也就是边界条件和初始条件。各具“特色”的根源系统使作为传统权力基础的知识体系具有不可化归的独特性,所以传统文化就是嵌入的编码知识。所以传统文化中的权力,从知识的角度来理解,也就是嵌入编码知识的权力。亨廷顿的《文明的冲突》就谈到了,文明冲突背后就是一个权力的关系,或者反过来说权力的关系就是一个文明的冲突,也就是论证不同权力的合法性的知识不一样。

2. 科技知识(非嵌入编码知识)与传统文化的权力之争

近代以来,科学、市场经济理论、启蒙运动理念一路向前,当这样的一种非嵌入编码知识传递到所有的传统社会,会发生什么情况呢?它就必然构成对形形色色独裁的挑战。因为这种知识可以为最广大的人所共享,所以会对任何嵌入的知识构成挑战。这种嵌入的知识是否合理?它经得起质疑吗?传统文化面对非嵌入编码知识就遇到这样的两个问题:一个叫做脱域,脱离独特的历史、语境和个性。譬如启蒙运动时期宣扬“人是机器”，实际上并非真的说人是机器，而是说，僧侣、王公贵族和平民都是机器，“五尺来高的人，都遵循牛顿定律”，记得这是伏尔泰的一句话，由此声明人的平等。一个叫做“断奶”，就是超越自然，超越历史。虽然由来不同，虽然生活的自然环境不同，但作为人，人之为人，还是要有最基本的价值判断。随着非嵌入编码知识的这种扫荡，历史的特殊性、语境的特殊性、个性统统没有了。哪怕天上的月亮，有什么神圣可言吗？不过就是石头做的。所有的魅力、原来的魅力统统都去掉。这叫做“祛魅”。

知识就是力量。我相信培根在近代之初所说的“Knowledge is Power”，指的就是非嵌入编码知识就是力量。这样的一种力量，第一，它销蚀、推翻、抹平嵌入编码知识，抹平它特殊的语境，抹平与之相关的特定的人以及背后的价值。第二，通过获得非嵌入编码知识的方法，譬如培根倡导的“新工具”也就是归纳法。马克思把这些方法总结为“两条道路”。我的知识是通过这样的两条道路得来的，那么你的嵌入编码知识也都要经过这样的一种程序来验证，所有的知识都要经过理性的质疑。第三，通过工具理性取代价值理性，取代传统文化的实质理性等等。

所以，非嵌入编码知识通过质疑嵌入编码知识，也就动摇了嵌入编码知识所论证的权力的合法性，必然构成与传统文化之间剧烈的冲突。非嵌入编码知识就是现代性的核心，现代性就是接受、认同非嵌入编码知识，认同非嵌入编码知识的权力。而现代化就是非嵌入编码知识一路向前，质疑、改造、推翻、重建一种新的以非嵌入编码知识为基础的文化。从权力、从知识的角度来看，所谓现代化就是非嵌入编码知识，放之四海而皆准的非嵌入编码知识，与传统文化、与为传统的权力论证其合法性的嵌入编码知识斗争的结果。

3. 科技知识与传统文化权力之争的复杂性

这样的一种权力之争充满了复杂性。可以看到有这样几点：

第一，这样的一种知识产生于西方，因此而强大起来的西方就侵略、掠夺落后民族。反过来落后民族在反抗西方侵略的同时，为了自身的凝聚和动员，就要强化权力，强化与这种权力捆绑在一起的嵌入编码知识，拒绝由西方带来的非嵌入编码知识，甚至拒绝科学。落后民族为了强调自己的权力的合法性，必须强化传统文化。因为非嵌入编码知识的传播往往伴随着侵略，所以所有的传统国家在抵抗这种侵略的同时一定要强化自己的这种权力，同时也就强化了为我的权力辩护的嵌入的编码知识。并且想方设法论证，这种嵌入的编码知识就是真理。然而，真理是不能依靠内在的语境和独特的起源来定义，这是邢冬梅一篇文章中的一句话。在反抗外来殖民影响的同时，就加强了内部的暴政。

还有所谓的"科学大战"。科学大战既与传统文化有关，也与人文文化有关，这里先讲与传统文化的关系。看起来科学大战是为自己的传统文化而"发声"，实际上也是为自己的权力寻找生存空间。所以在非嵌入编码知识的传播之中，在非嵌入编码知识与嵌入编码知识二者的权力之争的过程中，伴随着一方的侵略、另一方的抵抗，在抵抗的一方，既伴随着正义，也伴随着权力的维系、强化，甚至独裁等等。于是，在这样的一种争斗之中，传统的嵌入的编码知识通过反抗而获得了自己存在的一种价值。

如发生在中国的科技知识（非嵌入编码知识）与传统文化的权力之争。在新民主主义革命时期，革命的主体，主要是工农和劳苦大众所拥有的知识，与革命的目标相一致，宣传这样的一种知识来反抗如"四大家族"或者"三座大山"。但是在建设时期就不一样了，建设要靠科学，靠掌握科学的知识分子，知识分子因此而获得了权力。于是在这个时期我们所需要的知识与权力之间形成了一种深刻的冲突，知识分子与原有的革命主体、工农之间发生权力之争。有时候就弄不清楚，为什么毛泽东如此不喜欢那些拥有科学的知识分子呢？为什么建国之后的一次次运动的矛头，都对准了拥有科学、拥有非嵌入编码知识的知识分子呢？这是因为权力与非嵌入编码知识不一致。那些科学家们，乃至现在包括江平等在内的法学家们，他们所拥有的非嵌入编码知识与在建设时期的革命主体所拥有的权力发生冲突。对于这场冲突形象的说法是"高贵者最卑贱，卑贱者最聪明"。非嵌入编码知识连同它的承载者知识分子，一再成为斗争的牺牲品。成为牺牲品的最终还有中国的命运。

所以，当传统文化遭遇非嵌入编码知识，殖民地的人民希望发展出不同于西方的本民族的科学，或者地方性科学，印度科学、阿拉伯科学，以及对传统的盲目的狂热。

第二，对于嵌入编码知识的辩护，必然伴随着依赖于这种知识的权力和地域暴政的出现。

第三，剥夺非嵌入编码知识对嵌入编码知识改造和质疑的能力。当一个国家、一个地区如此拒绝甚至于批判非嵌入编码知识，那么它也就对现代化关上了大门。

4. WTO 的启示

我前面已经讲过了 WTO 的三大原则，WTO 的规则就是非嵌入编码知识。

WTO 对于所有国家在进入过程中的谈判，就是 WTO 所代表的非嵌入编码知识及其权力，与所在国家的嵌入编码知识及其权力之间斗争的过程。WTO 超越传统主权，排除传统文化及其权力对市场经济的干扰。所有成员国的遵守和越来越多的国家申请加入,说明科技知识"顺我者昌,逆我者亡"的强大力量。这就是知识的力量,非嵌入编码知识的力量。

顺便向大家说一下这样的一个事情:为什么中国目前很多的产品到欧洲、到美国都遇到了如此多的反倾销?它为什么认为我们的光伏或者皮鞋或者是其他东西都属于倾销呢?凭什么说我们是倾销呢?因为,我们在加入 WTO 的谈判过程中,已经认可了这一点,我们不是市场经济国家。既然我们不是市场经济国家,那么我们生产一双皮鞋到底要多少钱,以类似的国家比如说印度等等来比对。当然了,由于廉价劳动力等因素,我们的东西要便宜得多,一比对我们当然就是倾销。但是为什么我们承认不是市场经济国家呢?

WTO 是在全球化过程所制定的各国之间通用的游戏规则。在这样的制度安排下,就发生了各国之间各具特色的生产力要素之间的流动。可以用"熵"的概念来理解全球化。熵就是趋同,全球化就是因生产力要素和商品的流动而导致的熵增的过程。

全球化就是资本的价格、劳动力的价格以及全球的环境、资源、利润在全球摊平的过程。

进入全球化后,整个世界从恐怖下的和平走向相互依存的和平。第二次世界大战之后,为什么世界有那么多年的和平或者相对和平,因为核战争核冬天的阴影,而使达摩克利斯之剑悬在世界各国的头上。但是在 20 世纪 90 年代后,世界逐步走出冷战,俄罗斯、东欧和中国等都转向市场经济之后,这个世界就变成了一个相互依存的世界。相互依存的世界是更加安全的世界。今天我们又谈到了知识,当非嵌入编码知识传播到全世界,全世界都接受了启蒙运动的理念。我记得我在前面讲过,如果大家都接受了非嵌入编码知识,那么彼此之间的战争就较少了。非嵌入编码知识传播到全世界大概就是贝尔的意识形态终结。这就是一个熵增的过程、趋同的过程。所以当自然界中的全部运动都变成了热——趋同,整个世界就停下来了。这就是 18 世纪的"热寂说"。然而我们看到,在趋同的过程之中、趋同之后还有一系列的变化、涨落。

第一,趋同中的不对等、要素的权重不对等,以及由此得到的结果不对等。同样是资本、劳动力等等的趋同,但是二者之间或者三者之间它们的权重不一样。从全球范围看,资本从发达国家流到了发展中国家,但在中国我们看到了资本没有从东部流到西部,在中国发生了什么事情呢?西部的劳动力源源不断地流向东部,劳动力流过来,劳动力丰富,劳动力的价格就上不去,资本有获利空间,就不会流到中西部去。看似都是生产力要素的流动,但是劳动力流动与资本流动它们的效益大不一样。资本流动伴随着先进生产力和理念的流动，资本的输入地因融入全球化而得到一定程度的提升。劳动力流动，特别是在当代中国的语境下，就是农民工。农民工回到西部依然是农民，而不是企业家；带回去的钱要消费，买猪、看病、盖房，而不是投资创业，拿到的是微薄的工资，作为大头的剩余价值留在东部，造成东、西部差距持续扩大。那么在什么情况下发生劳动力的流动？在什么情况下发生资本的流动呢？当劳动力不能流过去的时候，资本就流过来了。这里面有一个关键的问题：什么情况下劳动力不能流过去了？那就是国界和签证。国界和签证是什么？那就是熵的反面。筑起某些要素之间流动的壁垒，然后才有资本的流动。熵这个概念我觉得在讨论社会、讨论全球化的过程中极其有价值。完全的趋同，可能吗？细胞，哪怕是作为一个整体的个人身上的细胞，甚至同一个器官里的细胞，每一个细胞含有什么？细胞壁！它能够趋同吗？能够完全打开吗？还有细胞内外的区别，每个细胞之间还不一样。熵增及其边界这里可以讨论一下。在不同的边界的情况下会发生不同要素的熵增。这两句话是我刚刚想出来的。

第二，选择权不对等。美国等国家的跨国公司在全世界任意选择，中国劳动力贵了，那我到越南去。对富士康来说也一样，深圳劳动力贵了，我们到河南去，河南、四川，还有天津不抢着富士康去吗？但是反过来呢？中国等发展中国家却非它们不可，因为它们不仅资本雄厚，而且有知识产权。这就是选择权不对等。时至21世纪的今天，看来依然是“劳心者治人，劳力者治于人”。

第三，著名的微笑曲线。我们大家都知道中国在微笑曲线的谷底。发达国家，它的研发以及它的品牌，在两个高端。从熵的角度来讲，两端跟底下的谷底有什么区别呢？谷底的熵最大。谷底的熵最大这是什么含义呢？其一，这个知识最简单，我只要按一下按钮，剩下的由你来做。科技黑箱，不需要你做，不需要你有知识。其二，这样的一些知识谁都可以做，大家都来抢这个饭碗，在大家争抢的过程中熵增大了。但是两端是什么？两端是负熵，它是高度稀缺和有序。所以微笑曲线，我们除了从知识的角度、从价值的角度来理解，我们还可以从熵的角度来理解，越是容易传播、扩散和共享的知识，越不值钱。

第四，生态不对等。正如吴敬琏所说的，中国消耗了自己乃至于世界的资源，把生态危机留给中国。中国真的是世界上的雷锋。所以中国对世界作出这么大的贡献，我们可以套用罗阳追悼会上的那句话：世界终将选择忠于世界的中国人。不应该遗弃我们吧，我们如此忠于世界。把我们的资源都拿出来了，廉价卖给你了，把资源危机留给中国了，你看看北京的雾霾和深圳接二连三的地陷吧。

第五，再意识形态化。再意识形态化包括向上和向下。向上：有不同喜好的社群、强调环保的绿色和平组织等；向下：当中国崛起，那些发达国家，它的民族心理又增加了，从上次课讲的知识之树上下来了，日本的民族心理又增加了，这种民族心理就是对非嵌入编码知识的一种反叛，回到了根须。知识之树，看到了吗？本来发达国家已经走到了枝叶这一块，随着全球资源短缺，随着中国的日益强大，随着欧债危机等等，它们又从知识之树的枝叶上走下来。中国现在似乎也有财大气粗之感，我们新的护照上的地图也不一样了。这一切都激起了已经走到了枝叶的国家的民族心理。它们的民族心理在哪里？中国的崛起和向上伴随着发达国家向下。由此可以进一步体会到马克思说的这句话：只有解放全人类才能够最终解放我自己。

什么叫现代化？从嵌入编码知识到接受非嵌入编码知识。什么叫现代性？接受非嵌入编码知识作为全部知识系统的底线、基础。注意，它只不过是底线和基础，而不是全部。意识形态终结绝非毕其功于一役。随着全球资源的危机，比如说黄岩岛，比如说钓鱼岛，比如说欧债，比如说中国的崛起，我们发现再意识形态化的反复。这是今后漫长岁月的必然现象。

5. 传统文化的未来

传统文化究竟还在不在呢？它不会不存在。作为一个民族合在一块的东西，恐怕今后就不再存在，美国早就是民族的熔炉，欧盟、欧元区也正在走这一步路。经过这样的一种梳理，每一个个人都携带着他的传统文化，就好像分布在世界各地的犹太民族，就好像走到了美国，走到了澳大利亚，走到了欧洲的中国人，作为移民的中国人，他身上依然带有他的传统，成为未来新的多元文化的组成部分。

七、科技知识的发展和权力的变化

最后谈一下非嵌入编码知识权力的变化。

第一，知识越来越丰富，于是选择就是权力。如讲什么，不讲什么，什么时候讲，对谁讲，等等。所以未来的社会中，教师、媒体、互联网、路由器、防火墙和编辑部等等都将富有权力，选择就是权力。规定研究生答辩都要在什么级别的刊物上发表文章，僧多粥少，媒体拥有了更大的选择权，腰杆就硬了。我这次十讲讲什么内容？这就是我的权力。关于互联网，每个人都突然都拥有了权力，本来我发一篇文章编辑不给我发，我上网发到网上去，通过微博，通过其他途径。所以人突然都拥有了权力，却不知道如何运用这样的权力，这就是奥格本的文化滞后论。所以今后学习，不仅仅意味着理解知识,而且在于对知识的选择和判断。选择就是权力。有人认为,两种文化中现在科学文化甚嚣尘上,如何如何,但是实际上,知识越是丰富,越期待人文文化对科学文化的选择。只不过这么多知识放在你面前,你在选择之时,没有感觉到你在行使权力。所以在座的各位,你来不来听,这不就是你的选择吗?选择就是权力。

第二,非嵌入编码知识本身它成为符号、软件,软件成熟最后成为硬件,成为科技黑箱。但当它操作越来越简单,等到你操作越来越熟练的时候,已经成为你的一部分,如庖丁解牛,得心应手,运用自如的时候,权力就没有了。我们一切的运行实际上都建立在这些知识的基础之上,不管你觉察不觉察,你不觉察到,它依然存在。但是它已经不通过一种强行的方式作用于我们,它已经成为我们行动的一个组成部分。比如说我现在使用PPT,难道我感觉到PPT对我施加了权力了吗?没有,得心应手。你刚开始学车,感觉到车不听你使唤,但是慢慢地它就听你使唤了。等到它听你使唤了,知识、科技黑箱施加于你的权力就没有了。这是知识的形式化和内化。

第三,非嵌入编码知识本身的扩展、提升和复归。扩展,意为它扩展成关于"人类"的知识,如全球气候变暖,由斯诺登和"棱镜"引发的讨论等。提升,指上升到人的心理和精神层次。复归,它回到每一个社群,实际上都是一种嵌入的编码知识。每一个社群都有自己的一套嵌入的编码知识,但是位于枝叶的嵌入编码知识和位于根须的嵌入编码知识,有什么不一样呢?其一,根须的嵌入编码知识主要源于人与自然的关系,而枝叶的嵌入编码知识主要源于人际关系和人与自身的关系,源于社会。其二,根须的嵌入编码知识彼此间不可通约,而树冠的嵌入编码知识拥有共同的主干——非嵌入编码知识,以及彼此间相互渗透,即地方化、柔性化和世俗化。它完全是一种内在的需要,而不存在外在的权力。走到树梢上面的这种知识,它不再拥有权力,不再为权力辩护。它是个体生命之使然。未来的知识它处于不断地均衡和涨落之间。不断地有涨落,不断地重新均衡。所以意识形态不会终结,但是意识形态不会发生近现代如此大规模的冲突,它是一种不断的涨落和均衡。

好,今天讲的内容大概就是这些。因为这部分内容相对来说比较专,很少有机会比较具体地、全面地来讲,今天就有这个机会来讲一下,请各位提问。

提问与探讨

(1) 提问者:您刚才说1992年知识分子的两极分化,为什么会是在1992年,那一年有什么事情发生吗？

吕：或者更早一些，从1989年开始，1989年“六四”风波后接下来的治理整顿，第一阶段的知识分子在中国的地位和作用在一夜之间发生根本变化（我后面要谈中国改革开放的三个阶段，就要讨论这个问题），那么1992年转向市场经济之后，中国社会的民营经济迅速崛起，原来的那些知识分子迅速开始分化，或者是靠权，或者是靠钱，或者是媚俗等等，大概是这种情况吧。中国知识分子队伍的演变和中国改革开放的几个阶段是完全合拍的。

（2）提问者：听了您很多讲座，我感觉您是典型的地域决定论者，什么地方就有什么样的文化。我个人认为，地域决定论的作用您是不是强调太过了？就学术界来说，地域决定论并不是主流，以前是要批判的。像您说的树，历史上是有很多分支的时候，你选择了一边，另一面你就看不到。我想问的是：关于地域决定和历史上的重大的分支时刻，它们到底是什么样的关系？

吕：我觉得很意外，你把我划到地域论者。相反，我觉得我是主张非嵌入编码知识、客观知识的。我对中国目前还是如此坚守自己的“特色”感到遗憾。一个国家在现代化的过程中，实际上就是不断克服自己的特色、克服地理决定论的过程。所有的传统文化在一开始都是地理决定论，什么样的自然地理环境、什么样的生存方式就决定了各个民族的传统文化。但是现代化的过程一定就是消解这个东西，只有完成了这个消解，然后才能够进入现代化，达到现代性，然后在此基础之上走上自己独特的发展道路。所以对特色的强调，必然伴随着对特色背后的权力的强调。但当中国目前一路追赶发达国家的时候恐怕需要这样的权力，而当GDP已经第二的时候应当适度调整这种权力。

提问者：就您刚才说的我还有问题，因为中国现在这种高速度的经济增长是需要独裁统治的，它经济增长的模式和政治运行的模式是合一的。如果像您说的，GDP到第二，其地位恐怕更是岌岌可危，老三看得不爽，在后面追，老大看得肯定更不爽，在前面堵。如果中国要继续向前的话，所谓的民主、改革、普世价值，包括您说的非嵌入编码知识和我们中国目前所处的环境您怎么看？中国一方面需要高速增长，需要完成民族复兴，另一方面就是民主和独裁之间的冲突。

吕：大部分内容我会在以后的课上谈，现在可以简单地说一下。根据你刚才所提的问题，难道第二位了，我们就不用权力了吗？前有老大，后有追兵，我们更需要权力。第一位了，我们就不用权力了吗？独孤求败，前面到底怎么样？我们茫然不知所措，后面还有大量的追兵，更需要权力，那么我们永远需要权力。所以中国未来的发展很可能就不会走他们走过的老路,我们重新接受非嵌入编码知识,改造自己的权力,把这些东西都去掉,实际上是不可能的。我们中国自己特色的这种权力,以及有这样的一种权力,需要一套知识为它辩护。这样的一种格局,恐怕在相当长的时间内,不会取消,不会改变。那么反过来说,中国的老百姓可能也更习惯于接受这样的一种东西。

(3)提问者:吕老师,您提出来的科技黑箱,现在基本上也成为非嵌入编码知识了,已经渗透到高考题目里了,成为中学生要面对的一个东西,我想问一下吕老师:科技黑箱在两条道路上面,起到什么样的作用?再有,它的容量有没有极限?它的高度有没有极限?谢谢!

吕:在两条道路上,科技黑箱到底起什么作用?比如在所有研究过程中的每一个环节,都要用到科技黑箱,做实验的仪器设备等,都是科技黑箱。我有一个想法需要验证,也需要科技黑箱。所以,在科研的全过程,都需要用到科技黑箱,实际上我希望,搞技术哲学的学者和研究生,能够去考察工科院校的老师或者博士,考察科研院所,考察企业中的技术开发。看看在这些研究过程中,科技黑箱到底起什么作用,研究者为什么相信科技黑箱得出来的结果,它得出来的结果,你应该如何做进一步的处理,有的时候我们得到的是一个函数解,有的时候我们得到的是一个数值解,这个数值解我相不相信?今天做,明天做不一样了,又会怎样?科技黑箱在科研中的地位和作用,这个值得研究一下。

另外一个问题,科技黑箱有没有极限?它的发展,我看不出有什么极限。另外我想问一下在座的工科的同学,或者我们搞科技哲学的同学,现在 3D 打印已经变得越来越重要,它可能会改变我们整个社会生产的过程。有了 3D 打印之后,制造业可能重新从中国回到美国,你们对这个事情清楚吗?关注吗?

(4) 提问者:吕老师,我的第一个问题,通过 3D 打印技术把原材料放在机器里之后可以打印出来,它会面临成本的问题,现在已经有设备了,我再投入这样的设备,成本比较高。第二个问题,现在有的公司为了垄断这方面的技术,巩固自己的权利,他会限制技术的发展。第三,3D 打印的可靠性不是很高,现在可以打印出自行车。但它的可靠性还没有得到实验的验证,使用寿命还没有得到验证,这些问题还需要很长的时间才能得到解决。

吕:最新的成就是 3D 打印出一架飞机。科学网上有一篇文章指出,3D 打印和社会生产结合在一起,那就是改变整个社会生产方式,不仅仅是一个产品的问题。这篇文章也引出了另外一个问题:技术路线图和冲撞理论的关系,所以我希望科技哲学的研究生和研究者们能够更加关注现实的发展，而不仅仅是跟在西方技术哲学的后面，做一些纯粹理论方面的研究。

（前来听课的东南大学徐益谦教授插话：3D 打印不仅是一项产品，一辆自行车，而是整个生产方式。另外一个重要的概念，我们都知道知识外包，现在是众包，把这个事情发配给整个社会，谁愿意做？无论是从设计过程，还是制造过程，都是众包的问题。）

吕：我觉得这是一个非常重要的信息，所以研究科技哲学的人应该更加关注现实的问题。

（5）提问者：在知识进一步发展以后，知识越来越趋向非嵌入性，然后会走向意识形态的终结。这种意识形态的终结，佛经上有一篇叫《无我相，众生相》，你觉得这两种思维所形容的意识形态的终结，以及这句话是不是很相似，还是出于不同的原因做出的不同论断？

吕：我想说两句话，未来的发展是非嵌入编码知识继续扩展提升，与嵌入的以及意会知识同步发展。非嵌入编码知识不断扩展，一定同时伴随着嵌入编码知识、社群，以及属于你个人的意会知识的极大提升，你对知识的选择不就是意会知识吗？这两个是同步的，不会存在单方面意识形态的终结。意识形态的终结，就是大家都接受非嵌入编码知识；但是与此同时一定不断地有个性化的东西，所以均衡一定同时有涨落的发生。对于第二点，关于佛教与刚才我说的这种状况，是否走向一致，你说一致就一致，你说不一致就不一致，这里边可以有太多的说法，比如说老子的“道”，这个“道”到底是什么东西，一千个人有一千种理解，同一个人的今天、明天、后天，也可以有一千种理解，它太宽泛，包括佛教的东西，因此有无穷无尽的解释。道还有一句话，它太超前，以至于它已经说到头了，没有东西可说，既然如此，这里面你怎么理解都是可以的。

（6）提问者：我们说知识产生了权力，那个人能力在其中有着什么样的作用？

吕：个人的能力是知识的一个部分，意会知识，而且是主观的意会知识，那么主观的意会知识，你比较强一些，大家就比较服你；但是，你的这样的一种知识一定要得到正确的应用，尤其是你的这样的知识和因此而得到的权力，不能够违背非嵌入编码知识。非嵌入编码知识是全部权力的共同基础，这个基础可以认为就是“道”。基础雄厚、扎实、宽阔，就是得道多助，你如果违背了这一点，那就是失道寡助，最终一定把你原来的东西统统失掉了，底线是不能违背的。

（7）提问者：最近我观察到，我们国家在媒体各方面，越来越多地来正视我们国家的传统文化，包括佛教，包括原来所批评的一些东西，也在电视上出现了，而且出现的频率越来越高。然后，就讲到我们国家到现在有三种主要的文化形态，一种是无产阶级的，还有一种是传统文化，再有一种就是您刚才说的非嵌入编码知识，科学所推动的价值观。现在我们国家越来越多地去柔化原来所推崇的革命文化的一些东西，推行现代性科学的同时，也越来越多地去复兴传统的文化。台湾发展比较好，在没有消灭传统文化的同时，它提倡科学，提倡进步，提倡发展经济，但是我们大陆就是提倡传统文化，会不会是有意地来维护权力的一种倾向？维护革命的权力的东西，我们的传统文化在当代被提倡，是不是起到一个正面推动的作用？

吕：这个就是说中国的领导人他到底怎么想的，我想我们就不以小人之心度君子之腹了，但是我刚才已经从理论上阐明了二者之间的关系，所以中国恐怕将来从知识的角度来看，一定是这两种知识的结合，或者混合，而不可能完全由一种知识取代另一种知识，大概是这两种知识的交替，或者是混杂。

（8）提问者（徐益谦教授）：熵的概念，在自然科学里面如物理学学科、热学里面它是一个状态参数，也就是说，熵是可以量化的，熵的值是可以算出来的。那么社会科学里边，它是一个概率，概率说明社会发展、社会变化的一个方向性东西。我的问题是：熵的增加趋向于最大值，现在社会发展有没有可能实现孙中山所说的社会大同呢？西方也好，东方也好，各种交叉，各种矛盾；WTO的斗争也好，钓鱼岛也好，总的变化结果有没有可能走向一个世界大同？地球就这么大，资源在不断地消耗，科技在不断地发展，社会学的发展有没有可能将来推动社会大同呢？甚至是有一个联合国出来管住这个世界，让人类温馨和平地向前发展，向宇宙深处发展。

吕：不仅仅是孙中山的说法，我们共产主义的说法，也是这么一种预期，但是我想这种预期，几乎有点像基督教的“千福年”。基督复活，重新临世，那一年它会到来，那么什么时候会到来，不知道了；是不是太阳最后变成红巨星，把地球轨道也包进去的一刻之前，还有没有到来，那也不知道；那是一种理想境界，这个理想境界什么时候到来，毫无疑问，在座的各位是都看不到了，我们只能寄希望于它的到来。提出控制论的维纳说过一句很有意思的话，他说科学技术它可能只发挥正面作用，而不起它的负面作用，但是这一天必须等到漫长的岁月之后，大家都在期待那一天，那一天不知道什么时候到来，会不会到来，那都不知道，是我们看不见的，作为我们的一种愿望。你看现在，地球上资源是有限的，你争我夺。二次大战结束时，记者问爱因斯坦，二次大战用原子弹了，您预期第三次世界大战会用什么武器呢？爱因斯坦回答说，第三次大战我不知道，不过第四次世界大战一定会用石块作为武器。所以仅仅是一种愿望而已，今后会不会是那样，就不知道了，但是从总体而已，这棵知识之树大概是成立的，从根慢慢地往上，慢慢地扩展出去。这个过程中，随着中国的崛起或者其他的国家此消彼长，这样的过程中，回来倒退曲折，这也可能发生。但是总体上，就是普世价值，非嵌入编码知识到头来大家都会接受，都接受了的这一天，那就好了。此外还有一个关于地球上资源的问题，有一个最新的说法是“无增长富足”。马克思的“物质极大丰富”，是相应于需求而言的。当需求变化，主要在精神层面，当然物质也就“极大丰富”了。

谢谢徐老师，谢谢各位！

第六讲　三个世界的关系

——本体论的视角

（王发友整理）

所谓三个世界，其中，世界 1 是指客观存在的世界，在波普尔的体系中主要指自然界；世界 2 是指我们的内心世界，是内心世界中拿不出来的东西；世界 3 是世界 2 认识世界 1 得出的知识体系。

三个世界的关系，何其复杂！不过学术界主要关注的是认识论的关系，诸如主体能否认识世界，所得到的认识又是否与对象相一致等。这里主要是从本体论来理解。在本体论上，也不是面面俱到，而只是一种比较而已。

一、世界 1

1. 层次

先看世界 1，我要反复强调，其主要的存在方式就是量子阶梯。量子阶梯，不仅是自然界在空间上的存在方式，而且是一个在时间上的生长、生成的过程。阶梯，不仅仅从空间的角度来理解，更重要的是从时间的角度来理解。由这个量子阶梯，可以得出图 1-3。图中，右侧的线是个体的阶梯，左侧的线是个体构成的舞台的阶梯。研究个体阶梯的学科，有基本粒子物理、核物理、化学、生命科学、心理学、行为科学，这一系列学科。而研究同一层次的个体之间的关系，或者更大的角度说研究个体关系的舞台，有这样的一些学科：极早期宇宙学、天体物理学、地质学、生态学、社会学、法学，见图 6-1。

由此可见，通过世界 1 的视角，可以把世界 3 学科的关系理得比较顺。先是区分出研究单个个体的学科和研究个体之间关系的学科，然后再理出与阶梯的对应关系。通常说的人文社会科学，人文科学跟社会科学究竟在哪里区别？相对而言，人文科学研究个体，社会科学研究个体和个体之间的关系，它们之间有这样一种对应关系。这种对应

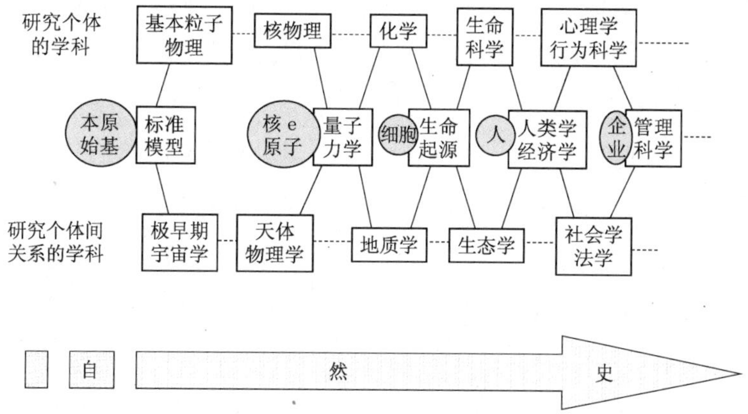

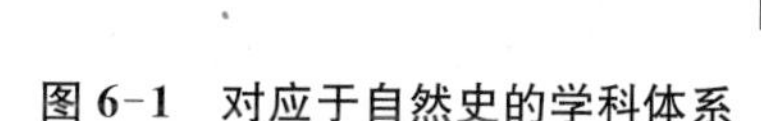

图 6-1 对应于自然史的学科体系

关系不仅仅在于研究的对象之间的关系，而且在于研究自然演化的同一个阶段。譬如从这个角度来看，化学跟地质学的关系，要比我们原来所理解的要密切得多，深刻得多。生命科学和生态学，它们必须放在一起研究，还有心理学和社会学的关系等等。

再者，在这个自然的演化过程中，有若干非常重要的关节点：大爆炸的奇点，也就是希腊自然哲学中的始基和本原、核与电子、细胞、人、企业等等，在图中间的圆圈里，是世界 1，旁边的矩形中就是相应的世界 3。所以研究对象在世界 1 中的位置，与相应的学科在世界 3 中的位置，二者之间有非常清晰的对应关系。

还可以进一步理解亚里士多德所说的层次的概念。他说形式和结构，还有要素和质料都形成一种不断递进的过程。最底下是没有结构的要素，最顶上是没有要素的结构。最底下没有结构的要素大概就是奇点，它是宇宙大爆炸的起点，顶上我们越来越看到互联网无限的发展，还有虚拟知识等等，越来越像是没有要素的结构。世界 1 是这样，那么世界 3 和世界 2 呢？

2. 上下向因果关系

在量子阶梯中，低层次物质是高层次物质的基础与载体，低层次物质的相互作用产生高层次物质，并从一个方面说明高层次物质的属性或功能。在第一讲中介绍了自然界中的上下向因果关系，这种上下向因果关系在一定程度上可以推到人类社会，如马斯洛的需求层次等。比较大陆与台湾的电影，可以发现，大陆强调国家、主旋律、整体、远大目标等，强调这些国家层面上的东西对个人的制约与引导。自古至今都是如此。看看张艺谋的“英雄”和“天下”吧。再看台湾电影，看琼瑶的小说，几乎全都是家长里短、柴米油盐的事情。这充分说明，大陆具有比台湾强大得多的下向因果关系。

因果决定论里面因和果的关系，如果结合时间的因素，就不仅仅是原因和结果的关系，而且关系到历史的决定和目的引导。第一次课就讲到了亚里士多德关于自然的理解，亚里士多德给出了由目的引导的一半的自然，另一半的自然由牛顿从原因推出来。一半是结果，一半是原因。

3. 层次由低到高的规律性变化

世界1随着层次的提高而发生的变化可以归结为这样几点：

第一，随着层次升高，越来越强调过程和演化，不了解对象的由来，就不了解它的现状，必须了解它的历史、它的过程。生命科学从上个世纪50年代之后，其一，强调从体外研究到体内的研究。其二，从对现有物质的分解和重组的途径来研究生物大分子，如DNA和蛋白质；到由古及今，必须了解它的演化发展的过程。例如，即使全人工合成结晶牛胰岛素，也不知道它的结构从何而来，为何如此。

第二，从实体到关系。实际上强调两个，一个是对内，一个是对外。对内变得越来越宽松，对外越来越开放。譬如较之各种化合物，细胞对细胞内要素的控制宽松得多，同时必须对外开放才能存活。生命在某一时刻的存在方式不仅在于它自己，而且是通过它与其他方面的各种实体之间的关系，这种关系包括前后、左右、上下，左右是指系统之间，上下是指层次之间，而前后是指演化。前后、左右、上下再加上边界的模糊。

第三，层次越高，因果决定、历史决定的权重越小，而目的引导的作用越大。

最后，偶然性的作用变得越来越大，依靠内部和外部的随机涨落，依靠由此引起的非线性相互作用乃至巨涨落，以及新层次的涌现。

总之，层次越高，上述成对的概念中，后者的影响越大。

二、世界3

1. 层次

世界2通过对世界1的理解得到了世界3，人对自己的理解也得到了世界3。世界3里面的层次，就是相应的学科与马斯洛需求层次的对应关系。

就科学技术哲学而言，自然哲学、科学哲学、技术哲学和STS，也就是科学技术与社会的关系，这四个分支，大致就构成了如同“数理化天地生”这样由低到高的层次。科学技术哲学内部知识的四个层次，构成了由自然科学中各个层次的学科，通往人文社会科学中各个层次学科之间的桥梁和纽带。

知识，相应于自然界的量子阶梯有一个自然科学内部的层次，相应于马斯洛的需求层次有一个人文社会科学的层次，此外，还有一个层次，那就是它本身的“阶”，或者说抽象程度变得越来越高。例如对认识进一步加以认识，还有所谓“反思”之类。类似于二阶微分、三阶微分。

世界1里面的这些规律，可以“映射”用于世界3。

2. 上下向因果关系

我们考察一下世界3中的上向和下向因果关系。

(1) 上向因果关系

先看自然科学。在自然科学领域，物理学向化学渗透，化学向生物学渗透，生物学又向心理学和人类学渗透。知识的上向因果关系与自然中的上向因果关系完全一致。世界3的上向因果关系实际上反映了它的研究对象、世界1中物质之间的上向因果关系、逻辑上的基础关系和过程上的生成关系。

同样，在人类社会和人文社会科学领域，与生存需求相关的经济学向其他学科的渗透也是基于同样原理。在历史上，自市场经济确立之日起，是先有经济人再有社会人；在逻辑上，生存需求是其他需求的基础。就人文社会科学的发展而言，是先有经济学。经济学就是人文社会科学中的“物理学”。自然科学中的大物理学主义，也就是人文社会科学中的“经济学帝国主义”。将自然科学和人文社会科学合起来考虑，近代科学革命后，人文社会科学在自然科学的基础上重建，也就是唯科学主义。

这里请大家注意，上文中强调的是“自市场经济确立之日起”，我的问题是：之前呢？为什么我这个结论限于市场经济确立之后呢？这是一个分界线，为什么有前后之别？这个问题留给大家思考。下面再接着讲。

然后，对近代后社会的发展来说，是先有经济人再有社会人，这是世界2，再来看世界3。近代之后，人文社会科学的发展是先有经济学，在经济学的基础之上再构建其他的学科。当然，在市场经济确立之前，伦理学、逻辑学等等都已经有了。我们这里是说，在市场经济确立之后，在经济学基础之上重新构建人文社会科学。所以说，市场经济的确立是人类史上的一个转折点。这个转折点就是现代性，现代性就是原来所有的嵌入的编码知识，所有的传统文化归于零，一致、脱域、断奶，有了一个共同的理念，有了启蒙运动的理念，有了经济人假设，有了科学，有了“人是机器”等等。之后，重新开始生长，在这个基础之上重新生长。科学中的“物理学主义”就等同于人文科学中的“经济学帝国主义”，也等同于把科学和人文科学结合在一起的所谓的“唯科学主义”。总之，这上向因果关系就是我上次所讲的非嵌入编码知识向传统的编码知识渗透的过程，这是不可避免的过程，所以我不是地方主义。学科里面的上向因果关系的根本源泉就在于世界1中的上向因果关系，因为世界1中的低层、下层是高层的基础，所以从知识的角度也必然如此。黑格尔说：在科学上是最初的东西，也一定是历史上最初的东西。这句话可以在唯物主义的基础上改写成：在历史上是最初的东西(世界1)，也必然要成为科学(世界3)上最初的东西。客观世界本体论从来就是认识论的基础。

(2) 下向因果关系

再看下向因果关系，低层次学科不能代替高层次学科，后者不能还原为前者。

第一，物理学向化学渗透，量子力学在向化学渗透过程中，或是遇到难以克服的障碍如"三体"问题(现在有一部科幻小说的名字就叫《三体》，我看了，确实不错，推荐给大家看看)，或是提出新的概念如"分子轨道"、"杂化轨道"等。由此表明不同层次间质的差别。同样，在生物学进入心理学、人类学和社会学之时也遇到类似问题。譬如说克林顿和莱温斯基的问题，难道事情可以简单地还原为克林顿的DNA中有什么特别的基因吗?

第二，自然科学向人文社会科学渗透，遭遇到来自人文社会科学前所未有的批判。自然科学、(古典)经济学与价值无涉，必须接受善的引导，伦理学等在此赋有重任。人难道仅仅就是经济人吗，太抽象太简单了。自亚当·斯密之后包括制度经济学和博弈论等在内经济学的各项发展就表明了这一点。这一过程就是高层学科的建设和完善过程。

第三，科学与文化的关系，或者科学文化与人文文化的关系，二者不是并列关系，而是分别处于较低层次或较早阶段，以及较高层次或较迟阶段。前者是后者的出发点和基础，后者对前者进行批判和引导，与此同时建构与完善自身。

(3) 计算机"七层"之间的上下向因果关系

我希望你们有人对计算机的"七层"来做做文章。计算机由物理层—操作系统—应用软件……到嵌入式软件的七层及其彼此间的关系，可以进一步说明知识之间的上向和下向因果关系。低层服务于高层，又是高层的基础，高层使低层的价值得以显现。无论是从世界1的上向和下向因果关系，还是从世界3，还是从客观与主观的关系，你看计算机的"七层"，最底层和客观世界有多大区别，最高层和主观世界又有多大区别，那么主观与客观之间是怎么起作用呢? 这是一个重大的哲学问题。

3. 层次由低到高的规律性变化

下面我们分析，在层次由低到高时，知识发生的三大变化。

(1) 松散性

层次越高，知识越是松散。譬如说概念体系的模糊。经典物理学的概念体系清晰，逻辑严密；化学已有所不逮，结构式难以与化合物一一对应，于是有“共振论”；生命科学更是如此。至于人，其定义大概只能是“社会关系的总和”。正如海德格尔所言：“一切精神科学，甚至一切关于生命的科学，恰恰为了保持严格性才必然成为非精确的科学。”实际上，物理学在进入微观领域也达不到“精确”的要求。其标志即“测不准”或不确定原理，波粒二象性。

松散包括以下方面内容：个性、变化、不自足以及彼此相关。

① 个性

外国科学家和中国的合作，主要不是在数理科学，因为数理科学大家的研究对象没什么区别，中国没什么特别领先之处；而在地质学、古生物学，为什么呢？中国的古生物研究之所以在世界上有一席之地，对象的特殊性起到重要作用。中国的院士多数在沿海发达省份，但地学在其他省份较多。在留学人数比例上，数理和化学分别达49%和72%，地学和生物学部留学人数较少，前者仅占14%。地学在学科阶梯上的位置较高，体现出一定地域性。低层学科强调普遍性和与国际接轨，而较高层的地学和生物学因拥有独特资源而更具有本土化条件。人文社会科学也是一样。各国的经济学大差不差，当然，眼下的中国特色有很多例外。到了艺术和伦理层次，就千奇百怪了，譬如说央视大楼和鸟蛋，还有写进法律的“常回家看看”。

这就让我们想起来知识之树，树干一样，树枝、树叶越往上差异越大。心理学、人类学和社会学领域，对象因特定社会、部落、家庭，因人而异，因他们的变化而异。记得大概是1978年，提出著名哥德巴赫猜想的徐迟说的，思想是人类最高层次的花朵，怎么能要求这样的花朵都一模一样呢？最高层次的思维，最美的花朵，怎么可能只是一种灰色？所以现在的很多企业，硬件放到很多公共场合、公共领域共享，譬如说虚拟企业联盟，硬件共享，精神产品独有，云计算也是这个道理。

看看科学技术哲学，自然哲学、科学哲学与国际接轨，概念体系清晰严谨。可能除地学哲学和农学哲学，袁隆平的工作可能和外国不一样外，所论所言与国外学术界别无二致；科学哲学除实验室哲学也难显特色，所见者或波普尔或劳丹，中国实验室和发达国家有很大差别，问题是研究者未必想去、能去，以及进去了受到人家欢迎。其实这种情况同样是一种实验室研究。技术哲学，在提出工程哲学和产业哲学之前，特别在更早时期，几乎言必称海德格尔，后来则有斯蒂格勒和米切姆等。随着工程哲学的兴起，中国特色随之彰显，产业哲学进一步凸现地域性、民族性，也就是中国特色。这是其学科地位所决定了的。科技哲学的自然哲学、科学哲学、技术哲学和STS这四个方面，越往上越具有个性。STS与特定社会不可分割，基本上没有概念体系，我们没法用自然哲学来定义 STS。于光远先生希望中国的哲学学派，不侧重于解决人类社会史发展的根本问题，要解决中国社会主义建设中的实际和理论问题。传统大学的哲学系，如南京大学经典的哲学看起来，技术哲学、STS 是哲学吗？当然不是。它没法像自然哲学、科学哲学如此严密。

还有一个研究阶段的问题，譬如说，科学哲学，几十年甚至上百年和国外研究几乎一模一样，但是随着研究的深入，经过了这个转折点之后，经过了马克思的"两条道路"之后，要回到现实中去的时候，要考虑实验室的时候，个性和特色就会显现。譬如说，顾宁（东南大学生医系教授）的实验室和其他的实验室都有区别。

所以，第一考察研究的对象在世界 1 的哪个位置，位置越高越具有个性，那么相应的世界 3 也是；第二考虑研究阶段，当你在两条道路的第一条道路往下去的时候，排除个性，而当你沿第二条道路往上去的时候，找回这些在第一条道路上被排除的东西。

② 变化

譬如说，生态学"与时俱进"，过去关注物种灭绝，眼下的重点则是全球气温上升等，未来还会有新的热点。固然，物理学和化学同样在发展，但这主要不是本体论意义上的变化，其对象原已存在，只是没有发现或重视，而是认识过程的深入，不像生态学的研究对象本身在发生变化。到了人文社会科学领域，从作为共性和研究出发点的经济人假设、生存权和启蒙运动基本理念，启蒙运动基本理念放之四海而皆准，美国人、中国人，甚至北京人、南京人都一样，到发展权、个人的信仰和审美，由经济学到伦理、宗教和美学，越往上不仅差异越来越大，而且变化越来越大，包括变化的幅度、频率和范围。例如，无论是在当代世界还是中国，伦理学的热点处于越来越快的变迁之中，诸如金融危机和网络隐私等，中国似乎又回到一些底线的伦理问题，如食品安全、诚信缺失，当然还是要"常回家看看"。

③ 不自足

北大的陈平原先生在谈到如何与国际的汉学家对话时指出：自然科学很早就国际化了。同样在《科学》、《自然》上面发文章，对学问的评价标准大体一致。社会科学次一等，但学术趣味、理论模型以及研究方法等，也都比较容易"接轨"。最麻烦的人文学，各有自己的一套，所有的论述，都跟自家的历史文化传统，甚至"一方水土"，有密切的联系，很难截然割舍。知识越往上，越具有个性，越会变化，以及不自足，出现了各种嵌入态，知识与研究主体不可分割、与研究对象不可分割、与这样或那样特定的场合不可分割。如果说科学有可能是自足的，人文社会科学则是不自足的，所以需要大量地、不断地，以及随机地从实践中和其他学科汲取和交换营养。

④ 彼此相关

这一点与“不自足”密切相关，不自足，就一定彼此相关。所谓“剪不断，理还乱”。譬如，在科学技术哲学的自然哲学—科学哲学—技术哲学—STS的系列中，相对而言，自然哲学关注自然科学即可；科学哲学略宽些，要有逻辑学、语义学和认识论方面的知识；至于技术哲学，则关系到经济学、社会学、人类学、伦理学、心理学等领域。桂起权教授研究物理学哲学，需要看物理学，当然，桂起权教授因为拥有极丰富的知识面，所以在物理学哲学和生物学哲学等领域硕果累累。但是如果要研究技术哲学，你不看经济学、社会学、人类学、伦理学、心理学等等行吗？知识的层次越高，牵涉的领域越是广泛。所以，人是社会关系的总和，对于这样的一种位于高层的对象的研究，它一定是大量嵌入编码知识之间的综合，一定要求研究者具备意会知识的能力。意会知识，它与主体不可分割，与对象不可分割，与语境不可分割，必然导致学科的松散性。所以，不仅是人文学科，特别是位于高层次的学科，它同样是某某关系的总和。对于某一学科的定义，大概只能从它与周围学科的关系来考察。

⑤ “松散性”小结

第一，松散并不是一盘散沙，而是存在内在联系。一个是纵向，上向和下向因果关系，串起看似“松散”的知识在纵向的联系；一个是横向。所以，松散性也就是研究领域涉及面的广泛和研究视角的多方位。松散同时意味着个性和个性之间是相关的。位于高层相对松散的学科拥有共同的基础——位于低层的非嵌入编码知识。个性不排斥共性，这就是上向因果关系。在知识之树上的每一片叶子，它难道会排斥这树的主干吗？它有它的个性，正如拉斐尔说的，每一片树叶都不一样；但是它一定包含着它的共性。所以，松散具有共同的底线，这个底线，我认为就是启蒙运动等，就是所谓的普世价值。第二，它的变化，变化之中有不变的东西。水不论处在什么语境，有什么形状，还是有不变的东西存在，它可以嵌入不同的语境之中。当树长出很多树叶，树叶彼此之间是通约的，什么是它们共同的东西，树干。根须就不一样，根须彼此不能通约，每一条根须都长在自己特定的土地上，但是经过了树干之后，彼此有了共同的东西，这就是现代性。所以我一再强调这样的观点，后现代不排斥现代，现在的有些后现代流派把现代统统都给去掉了，那就错了。后现代要求在顶端的研究者彼此宽容、理解与合作。所以宽容、理解与合作不是空洞的说教，或者与研究对象无关的伦理学。宽容、理解与合作是和知识论一致的，是和研究对象一致的，它具有本体论的基础。人类的知识像一棵树，越接近主干的知识越具有统一性，成为所有树枝的共同基础;而越远,各不相同,但是它们又有共同基础而且彼此密切相关。共同基础就是树干,就是经济学、科学、普世价值。在这个基础之上,各种人文社会科学发展,越往上越具有个性,但个性和个性之间可以通约、交往、理解、渗透。越往上,知识越松散、具有个性、不知足、密切相关,所以要求上面的东西和下面一样严谨,那是不可能的。

(2) 实践性和主观性

高层知识的第一个特点是松散性,第二个特点是实践性和主观性。这一点同样具有来自世界1的依据。在世界1,量子阶梯上由低层到高层,物质的功能增强或系统的主动性增强。譬如,在低层,夸克幽禁,它根本不显示出它的任何特征,再往上,金属钠,必须放在煤油中才能保存自己,拿出来便氧化了,越是低层越是孤立,越是低层越害怕、越拒绝与周围环境的关系。但是到了生物层次,必须与环境发生关系,否则就不是生命,不能存活。我们说病毒,当把它们提取出来的时候,它只不过是一块没有生命的晶体,而把它放到生命之中,它便显示出它全部的生命活力。越是高层越离不开环境,越是高层在环境中越主动。

在人类社会也是同样,我们看见一个老农,他封闭在山里面,自给自足。他只是生物学意义上的人,而不是一个社会上的人。越是高层越与环境不可分割,奥巴马、小贝,他们能离开社会吗?

我们再来看科学,看知识。同样,自然科学的高层逐渐显示出实践性,基本粒子物理有什么实践性呢?除了在实验中、在标准模型中、在欧洲强子对撞机中,我们还没有看到在实践中有什么意义。但是到了高层,我们看生态学、医学,医学到底是科学还是技术呢?它充满了实践性。环境科学和生态学本身带有很强的实践性,几乎可以在同样的意义上说,是环境工程。人文社会科学各分支都清晰可见学科对现实的积极干预。我们在座的各位,搞人文社会科学,你写论文就是想干预社会、干预现实。同时,在科学技术哲学里面,由自然哲学、科学哲学、技术哲学和 STS,对现实的干预愈演愈烈。譬如说物理学哲学,干预了多少现实?当然不是说没有,但是 STS,每一篇 STS 文章都是对现实的明确的干预。刚才我们说到的陈平原说到:"本国文学研究有更多的'承担'——研究者跟这片土地有着天然的联系,希望介入到社会变革和文化建设里面去,而不仅仅是'隔岸观火'。"莫言的文章,由张艺谋改编拍摄的《红高粱》对现实都有所干预。

既然是实践,就一定会介入。"介入",主观性不可避免,必然带有价值引导和判断。所以,社会科学的任何一种知识同时是一种价值诱导。实践性赋予研究者更为迫切和更强烈的责任感。陈平原说:“本国文学研究……可能显得有些粗糙(即松散性),但元气淋漓……在这样的研究的背后有情怀。”譬如最近我看到台湾一位作者写的关于“高技术中就业问题”的文章,这难道没有一种情怀吗?我们又想起了古人说的:化育万物谓之德。德就是一种情怀,是一种实践的过程,它的目的在于化育万物,化育万物包含“化育”者自己,所以,“他”不是外在的。

这样,我们可以从总体上得出判断,第一,低层知识如物理学、化学等等,主要研究从人类社会形成之前的,已经生成的,对所有的人基本一致的自然界。这是从对象本体的角度来理解。第二,从认识论或价值论角度来讲,低层知识,物理学家研究标准模型考虑应用吗?考虑到对人类有什么价值吗?低层学科主要出于好奇通过对自然界的研究,通过根须,在“土壤”中汲取营养。高层学科的知识是知识之树上位于末端的树枝、树叶,在未来目的的引导下,直接从日新月异、各具个性的社会现实中,以及带有价值判断,通过实践过程提炼和建构知识。譬如高技术情况之下的就业会怎样呢?带有明确的价值判断,主动地以及通过亲身的干预去提炼、去建构知识。所以,越是高层的知识,建构起来的比例越多。记得在前面的课上谈到这样的一个问题,比尔·盖茨的创新和乔布斯的创新究竟有什么区别?相对而言,比尔·盖茨的创新在知识之树树干的部位,从源代码开始创新,而乔布斯是在树冠顶上的集成创新,考虑到像树叶般的每个人的需要,而这一点需要又在于视、听等方方面面,要把这些个别的需求集成到一个产品上,譬如 iPhone 上。所以在知识之树上的不同位置,它的知识的形态、知识发展的过程、知识的源泉大不相同。

高层知识,由于其实践性而更需要理论知识的推进,理论是多种多样和与时俱进的实践的共同基础。还有所谓主体间性,建立起各具个性的主体之间的联系。有人提出这个问题,马克思这么伟大,为什么不在当年给现在变得如此重要的“实践”下个定义呢?免得他的信徒们现在争论不休呢!看来,“实践”,实在是太难下定义了。或许,不下定义,正说明马克思的高明。

(3) 全息性

这是高层知识的第三个特点,黑格尔有句名言:现在就是最高。我第一次看到这个话是在 1982 年的春天,现在已经成为著名哲学家的汪辉,他当年是南京工学院马克思主义班的一个学生,他在交给我的课程作业中就写了这句话。高层知识的哪怕一片树叶也再现了前面的主干的核心部分,重演了、重现了前面知识的核心部分。譬如,我们看科技哲学,科技哲学涵盖哲学的本体论、认识论,以及历史观和价值观。自然哲学和技术哲学中的人工自然哲学可归入本体论,以实践为核心的技术论则与目前本体论研究的实践转向相一致。科学哲学，以及技术哲学中有关知识和方法的研究相应于认识论。科学哲学中的 SSK，以及 STS 都属于历史观和价值观范畴。把科技哲学中的某一块拿出来，同样反映了哲学的各个门类。技术哲学中研究技术的产品和服务（包括用于生产和制造过程）的存在方式和演化方式，是技术哲学中的“自然哲学”。技术创新的动力、机制、模式等，类似于科学家获取知识的方法以及知识如何增长等，就是技术认识论和方法论，相应于技术哲学中的“科学哲学”。对技术本质的研究，则是技术哲学中的“技术哲学”。技术和价值观、社会的关系，技术的伦理问题等，相应于技术哲学中的“STS”。作为科技哲学一个分支的技术哲学，在一定程度上再现了整体的结构。所以一叶知秋，一样的道理。高端的学科再现了低端学科的核心知识，这就是全息论。全息，现在更加流行并形成共识的说法是曼德布罗特（B. B. Mandelbrot）的分形理论。

4. 高层知识的交流与共享

有必要进一步讨论高层知识彼此之间的交流与共享问题。

前面已经提到过“松散”的高层知识彼此间在纵向和横向的联系。高层知识一定要注意以低层知识为基础，不能违背低层知识，树叶不能违背树干，违背树干就会枯萎凋谢。高层知识的树叶始终要考虑与低层知识的树干的关系。另外，要注意到，知识阶梯上的高低之分是相对的。

这里还要讨论高层知识的横向交流。一方面充分发挥高层知识松散性的特点，形成自己的个性和独到之处，注意与相关学科的区别，另一方面积极参与相关学科的活动，从中汲取营养，从而在比较和交往中确立自己的地位，并且反过来以自身的独特视角去关照和启发相关学科。

以科学技术哲学为例，科学技术哲学就如同一棵不断生长的大树，在树干上，距根部越近，知识越具有同一性（自然哲学、科学哲学），成为所有树枝的共同基础；往上距根部越远，知识各不相同，同时又彼此紧密相关。由自然哲学到 STS，彼此间存在上向和下向因果关系。自然哲学（科学哲学）边界相对清晰，渗透到科学哲学、技术哲学和 STS。高层学科具有地域和时代性，以及实践性和主观性，通过主体的实践活动，通过与其他知识的交流完善自身。通过这些关联，科学技术哲学，其分支生机勃勃，又彼此紧密相关，形成“内部有差异的一”（黑格尔），形成持续更新的整体。知识之树的根须是杂多，不可通约，中间是内部无差别的一，顶上是内部有差别的一，最高境界。科学技术哲学，其一端与科学技术相连，以将学科整体建立于事实、规律的基础之上；另一端一直渗入人和社会。STS 向下，关照整个学科，向周围，扩展到知识的广泛领域；向上，至人的心灵和社会的未来。所以，我强调高层知识的任何一步都不要忘了前面的主干。

回过头来，再看知识之树（见图 6-2）。传统文化底下的这些东西就表示根须，彼此之间不可通约，在这个基础之上逐步生长出主干科学文化，再往上就是人文文化。人文文化既具有个性，同时又处于整体之中。对于这棵树，上一次课是从历史的角度来理解，现在是从逻辑的角度来理解。

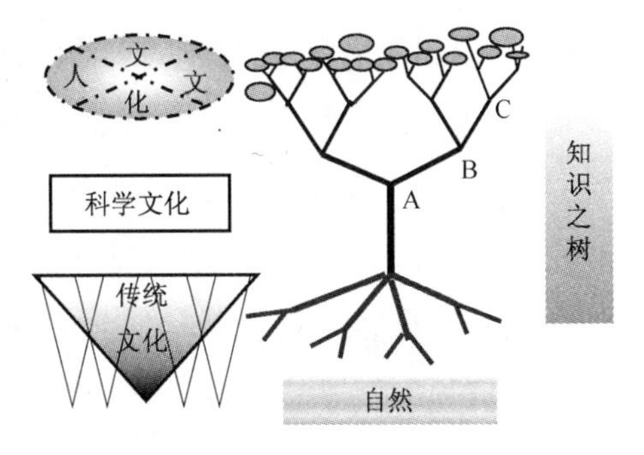

图 6-2 知识之树：历史与逻辑

这棵树也就是人的生成过程。最后再来讲世界 2，个人与社会。

三、世界 2：个人与社会

1. 人通过知识获得解放和社会的生成

（1）人的生成

① 朝旭升天，新荷出水

刚才我们谈的世界 1 和世界 3 的种种关系和过程中，世界 2 究竟在哪里呢？波普尔的一句名言：人"通过知识获得解放"。人对世界 1 的认识过程，所获得成果即世界 3 的增长过程，也就是人自身即世界 2 的成长过程。人的成长，由低到高，由传统到现代到后现代，由单一到复杂和联系。知识的社会建构，反过来说，就是社会的知识建构。"世界 3 有一个历史。它是我们思想的历史，不仅是发现它们的历史，而且是我们如何发明它们的历史：我们如何制造它们，它们如何反作用于我们，以及我们如何对这些我们自己制造的产物起反应。"社会正是在建构知识的同时建构了自身。社会通过知识建构获得解放，个人同样如此。

梁启超在他的一封家书中写了这样一句话：我每历若干时候，趣味转过新方面，便觉得像换个新生命，如朝旭升天，如新荷出水。对此我很有同感。研究每进入一个新的领域，自己就是进入了一个新的世界，这个新的世界成为我的组成部分；若是开拓新的领域，自己的身心从深度和广度得到无限的扩展。我的最后一讲还要专门讲到"认识我自己"。

言归正传。

② 科学技术正在认识并构建一个自然的人

科学先是从本体论角度来理解人。牛顿力学和工业革命时期，17 世纪拉美特利提出人是机器，我们在批判这句话的同时，也就是人的成长过程；19 世纪初在化学的发展中，说人是化工厂；提出细胞学说后，人成了细胞的王国；到了 20 世纪，人是动物；生命科学的迅猛发展越来越逼近自然界演化的顶点——一个生理学上完整的人；到了现在，认识到人不仅是动物，而且是社会中的动物。

从人与自然的关系来看。由哥白尼的日心说到达尔文的进化论，人类找到了自己在宇宙和生物界的位置。基本粒子物理和宇宙大爆炸理论将人类的“史前史”推至 137 亿年前。

还有就是人工自然。前面我已经讲过，人工自然的过程就是人化的过程。由机械、化工技术、生物技术、人工智能，一直到本世纪初露头角的会聚技术（会聚技术“会聚”了 IT、生物技术、纳米技术，以及认知科学），人在自己的创造物的发展中见证了自身的成长，科学的发展，科学、人与自然的关系的发展，科学技术的发展就是人的发展过程。

③ 黑格尔的“在科学上是最初的东西，也一定是历史上最初的东西”与老子的“道德”

我们再看黑格尔的话：在科学上是最初的东西，也一定是历史上最初的东西。我们通常将这句话理解成唯心主义，我把这句话改成了唯物主义：在历史上是最初的东西，也一定是科学上最初的东西。随着第一条道路的回溯，回溯到两条道路转折的关节点上来，在第二条道路由“最贴近的规定”回到现实中来的过程中，我们发现在科学上最初的东西：人是机器，经济人假设，启蒙运动理念是科学上最初的东西，正是人经过转折点以后，由抽象的现代性，走向后现代，走向丰富、全面和完整的人，一个大写的人。在这样的意义上，黑格尔这句话的原意成立，科学上或知识上最初的东西就是我们的主体最初的东西，世界 3 与世界 2 同步。当然，人的生成过程永远不会最终完成，一直是进行时。此处又可以联系到第二讲中“逻辑与历史”的关系。

在道的基础之上逐步构建德。道和德的关系不仅是对已有世界的解释，而且是一个构建的过程，这个构建的过程不仅仅是化育万物，而且是化育人自己。知识的增长过程就是人的成长过程。知识的社会建构就是社会的知识建构。人在化育万物的时候，德的生长过程也就是人的生成过程。第一条道路，虚无无形谓之道；第二条道路，化育万物谓之德。老子在几千年前的话，竟然与马克思的“两条道路”如此相合，竟然与波普尔的“三个世界”如此相合！现在社会上对道、德的解释都背离了老子的本意。我正在写道、德与两条道路的关系、与知识的关系。我觉得从这个角度，无论理解道和德的关系，还是反过来以道和德的关系来理解“两条道路”都具有现实意义。我原来理解的“两条道路”，马克思所说的第二条道路都只是在认识中进行。不，第二条道路走到后来一定有实践，一定有主体的参与，一定有包括主体自身的生成，一定有德在里面。世界3沿着知识阶梯上升也就是世界2即人自身的生成过程。

（2）社会的生成

我们具体来看，从市场经济之后，随着对经济人、机械论和唯科学主义的批判，边沁的功利主义、穆勒的想法，还有亚当·斯密的《国富论》等逐步从“经济人”走出来。亚当·斯密不只是经济学家，更是伦理学家。抽象纯粹的经济人逐步得到了纠正，得到了改变，得到了完善。

英国社会在底线的基础上逐步重建。工业化先行一步的英格兰在1819年枪杀示威工人的“彼得卢事件”后，政府迅速妥协，促进立法，改进刑法，成立社团，教会也参加进来，从事社会福利工作。狄更斯等作家以笔墨唤起良知。工人的情况也在改变。随着工业化的深入，具有特殊技能的工人，获得较高工资，逐步进入中产阶级。工人代表进入议会，“参政议政”。新的秩序就是这样“涌现”出来的，社会由“自然状态”提升。当我们的经济诚信缺失的时候，是不是可以从这个底线逐步重建社会？不知道台湾是怎么做到的，我最近在看一篇台湾的文章，不论什么党派，哪怕是民进党，最怀念的不是李登辉，而是蒋经国，所有发达国家和地区是怎样从零、从市场经济之上重建社会，值得研究。

（3）人与社会生成的主要途径

① 价值地位的上升及其对规律和事实的选择和组织。

我们一方面承认规律，一方面按社会大多数人的利益来调整分配，价值在规律的基础上对规律进行选择，它不能够违背规律，但它可以对规律加以选择。

② 修正作为“人之初”的简化的抽象如“自然状态”和“经济人假设”，引入心理和精神因素，以及将抽象的理论与因时因地的语境相结合，与主体相结合，与主体价值相结合，必须有德的参与。

③ 社会各阶层之间的博弈和妥协。这一点对中国的现状很有启示。

④ 在微观上考察知识的发现、辩护和应用语境。对此较为擅长的科学哲学，理应展开这样的一些工作，尤其是结合中国的语境。

2. 世界2的层次

我们来考察一下，拥有低层知识的人和拥有高层知识的人有什么区别。知识是人的存在方式。

(1) 拥有低层知识者

一般来说,拥有低层知识者如主修物理学,主修经济学等等,严谨乃至刻板,似乎与其研究对象一样远离人间,远离社会,与他们所创造的非嵌入编码知识一样远离生活,非嵌入。这些学者们与其所创造的知识一样编码,于是“成为小孩子,而后成为白痴”,因为“生活比梵文或化学或经济学难得多”。可见掌握低层科学的人逐渐就变成了“孩子”。多年前我们宣传的陈景润也是一个典型。我想这是这些科学家为人类贡献低层知识所付出的代价。19 世纪大数学家希尔伯特,一次宴请宾客——他的那些都很有名的学生。他的夫人发现他的领带似乎弄脏了,提醒他上楼去换一条领带。希尔伯特于是上楼去换,可是半小时过去了,不见其下来。他夫人有点不安,上楼一看,希尔伯特居然睡着了。原来他有这样的习惯——领带一去就意味着睡觉。

1969 年,卡内基委员会对 60 028 名美国学者作问卷调查,发现科学家的信仰比例与其学科的科学化程度成正比。越是科学性强的学科,注意,也就是严谨的非嵌入编码知识,其科学家的信教比例也越高;反之则低。60%的数学家和统计学家自称“宗教人”,排行第一;其次是物理科学家和生命科学家,55%。倒数前 3 位则是人类学家(29%)、心理学家(33%)和社会学家(49%)。自然科学家研究的对象太远离社会,必须要借助宗教来平衡自身。最不宗教的恰恰是最少科学性的领域,他们为什么不宗教,因为他们不“科学”,大概如此。所以从事不同类型的知识,他的人性呈现相应的层次。人随着知识的生成而生成。

当人以自身为认识对象,这样的一个认识的发展过程就是人自身的生成过程。在这种情况之下,知识的主体世界 2、我所得到的知识世界 3,以及知识的对象世界 1,这三个世界合为一体。回过头来,再来看黑格尔的话,“在科学上是最初的东西,也一定是历史上最初的东西”。这句话并不存在唯心主义的问题,在科学上最初的东西也一定是历史上最初的东西。当黑格尔讲的科学上最初的东西是世界 3,也一定是历史上最初的东西是指世界 2。

在有一次东南大学老师举办的沙龙里面,我讲到科学家的原善。科学家研究的是最简单的对象,在这种最简单的研究当中形成了他们的原善。原善是指它的原始、原初、原本。这样的一种“原”的东西,有可能罔顾社会,有可能被腐蚀和利用,所以有待了解社会,有待提升自我。科学家由于研究世界 1 中最简单的部分,必然会对其人性也就是世界 2 造成某种局限,有待改进和提升。19 世纪,一位地质学家用小锤敲击大厦的地基,当被警察询问时,地质学家的回答是,我只看到地质,没有看到地基,更没有看到大厦。

(2) 拥有高层知识者

反过来，拥有高层知识的那些人呢？

首先，他们多半个性鲜明、开放、活跃。对于高层知识的人，要求他们的研究与数理化那样完全与国际接轨，“既无可能，也没必要”。惟有拥有个性，才能在共性中占有一席之地。所以要求研究 STS 与国际接轨，主要是在方法上。内容、视野一定要有自己的特色。有一句话说得好，是民族的才是世界的。

第二，当然，所谓民族的，必须有这样一种共同的树干，那就是前面一直强调的非嵌入编码知识。这里说的就是对于高层知识分子的第二点要求：将自己的研究建立在低层知识扎实的基础上，不至于陷入浪漫乃至神秘的境地。

第三，进行横向跨领域交流以汲取其他学科的营养，同时又注意与其他学科的区别，在比较和交往中确立自己的地位，并以自身的独特视角关照和启发他人。

我希望大家注意第三点，高层知识的嵌入性要求注意研究领域、语境，自己立场的独特，不致将自己的观点无限放大，甚至强加于人，以及对他人的观点保持宽容。你必须了解你不过只是树冠上无数树叶中的一片树叶而已。

第四，高层知识的实践性要求参与进而改变生活。更多人以自己活生生的言行参与其中。

第五，对于这一点，我还是信心不足。低层知识如自然科学，所对应的世界 2 主要由少数精英组成，具有一个或多个中心；高层知识如人文社会科学，所对应的世界 2 有越来越多的平民参与，从而显示出平民化、扁平化、网络化，这正是后现代社会的写照。你看看网络、微博，谁都可以说上几句，难道说任志强就是精英吗？或者徐静蕾是精英吗？高层在这个树的顶上，慢慢地平民化、网络化。与此同时，是否会以失去思考和深度为代价？

我还有一个事情不清楚，葛剑雄，他是我复旦大学研究生的同学，他比我名气大得多。媒体曾就“是否要敬畏自然”为题，做过一个他和田松的对话。田松是北大的，也很有名气，两人争论，葛剑雄说一定要尊重科学，而田松说一定要敬畏自然。现在中国也是，像我这个年纪的学者，一般都主张不能废除现代性，但是年轻学者却认为这些统统可以废除。为什么像我这样的年龄持现代观点，而年轻人持后现代观点呢？前者年届七旬，人文社会科学出身；后者年富力强，本科主修自然科学。何以前者如此理性或者科学，而后者却充溢人文情怀？

(3) 世界 2 的交流

纵向交流已经说过了，拥有低层知识——科学技术、经济学、社会学等——者为社会的基础，构成了社会可能发展的水准。要是这些学者被废黜，社会就会失去理智，陷入虚幻甚至狂热之中。拥有高层知识——伦理学、文学艺术等——者则是社会的精神所在，引领社会的发展。这部分人一旦失声，社会可能迷失方向。“两种文化”道出了知识纵向交流的迫切性，“科学大战”则凸现出交流的困难和复杂。迫切、困难、复杂，显示出知识的张力，而知识的张力到头来只是人的内心张力，以及社会内部张力的外部表现。所以处于高层的人，个性、彼此之间的交流和创新，整体的提升就是人的生成的过程。

所以我很看重交流，并认为交流就是我的生成过程，讲座，如果后来没有讨论，收获就会大打折扣。在讨论的过程中，在交流的过程中，就是我这个树叶和其他的树叶相关的过程。所以，讲座的过程就是我的继续建构、生成的过程。知识的交流不仅仅是一种知识观点的交流，而且就是主体世界 2 之间的信任和友情。

(4) 世界 3 的降序伴随着世界 2 的降序

既然人随着知识的成长而生成，自然也随着知识的降序而降阶。第一讲曾提及，在不同个体间，相对而言知识程度较低，自我意识较弱，在某些特殊的社会环境中，如“文革”和阶级斗争盛行之时，多半能逆来顺受，而知识程度高自我意识强如陈寅恪，如傅雷选择死亡。生物降序的代价是，在隆冬季节，大河上下，顿失滔滔，不再见到百花盛开，万紫千红；而人的降序，其代价是，万马齐喑，整个社会处于沉寂与停滞的状态。

钱学森追问，我们为什么没有培养成一个大师？如果大师是红花的话，我们大家就是绿叶，要有充分的绿叶，充分的自由的思想，然后才能看到红花。整个社会如果处于僵化之中，能有大师吗？

四、小结

1. 三个世界的对应关系

我们归结一下，世界 1、世界 2、世界 3，每一个世界都分别从个体和关系两方面来理解。先看世界 1。越是低层，个体越是对称、一致、不变，我们还不理解在 137 亿年前那个奇点，它在爆炸之前，它存在了多长时间，是否对称。不过我们清楚地知道，氢原子，轴对称、中心对称、平面对称，从一切角度来看都是对称的。再看个体之间的关系，夸克被牢牢地束缚在质子和中子里面。越是高层本身越是复杂多样、变化、边界模糊，与环境不能分开，越是宽松，与环境的关系来看越是依赖，不可分割。

那么世界3呢？低层的知识，物理学、经济学、启蒙运动理念、经济人假设，客观的、非嵌入、严密的、高度形式化。而到了高层，知识变得嵌入、隐性、松散、实践，彼此间关联，以与其他知识的关系为自身的依据。

世界2，物理学家严谨、封闭，与其他关系边界清晰，越是高层，文学家、伦理学家等等主体性强、灵活、开放、参与，彼此交往。这就是三个世界的关系，彼此之间的对应。

让·鲍德里亚的符号政治经济学，通过文本的互换来获得某种身份。这就是形形色色"山寨"在冰山下的本意，山寨文本靠与被其模仿的原始文本之间的互文关系而获得关注和意义，体现对原始文本的崇拜而并非反抗。由世界3中知识符号的互换，获得世界2中人的身份的互换。HiPhone、SciPhone和iOrgane手机是对苹果公司iPhone的崇拜和模拟，山寨百家讲坛、山寨春晚、山寨电视台是对CCTV国家电视台及其制作的节目崇拜和模拟，地方政府的山寨天安门和山寨阅兵是对更高级权力所具有的享乐和寻租能力的崇拜，农民搭建的山寨鸟巢更是一种对北京作为权力中心的崇拜，南京一家房地产商开发的山寨一条街上，店面分别冠以"哈根波斯"、"必胜糊"、"巴克星"、"KFG"等标志，模仿的是哈根达斯、必胜客、星巴克、KFC，在今日中国被看作是中产阶级身份和生活方式的象征。

2. 历史视角的三个世界：合—分—合

人之初，三个世界不分。三个世界的分离始于希腊，到近现代，大概是十八九世纪达到分离的顶峰。随着这棵树慢慢长到顶上，随着人的生成，随着知识的生成，现在越来越探讨人的内心世界，三个世界逐步走到一起。

亚里士多德所认识的世界1，有质料有形式，在量子阶梯上由质料趋于形式，二者基本上捆绑在一起。世界2的形式得到大大强化，在一定程度上可以改造质料，但仍离不开特定的质料——自己的大脑。世界3，形式进一步凸现，可以附着于任意的质料(载体)，改造质料(程序)，甚至"创造"质料(虚拟现实技术)。随着认识对象日益进入大脑和意识领域，进入人的意志和情感世界，随着知识对于对象、语境和主体日益深刻的嵌入，三个世界之间也就愈益相互结合而不可分割。在实践中，对象——世界1，主体——世界2，知识——世界3，三个世界不可分割。

好，这就是我这次讲座的内容。谢谢大家！

提问与探讨

现在请大家提问。

（1）提问者：波普尔讲三个世界就是用达尔文进化论来套用知识论，强调进化论和知识论的关系，那您讲三个世界的关系是否也用进化论的观点？

吕：我想进化应该是可以理解三个世界的一个途径，但不是唯一的途径。譬如说，我在最后一次课要讲的认识我自己，会讲到我的学术资源，进化论的资源，还有我刚才讲的非常重要的一点，"两条道路"，也是一种资源。我在后面还要讲到，传统文化是诚信缺失的一个根源，在论证过程中，博弈论又是我研究的一个资源。所以进化论是理解的一个途径，但不是唯一途径。我们可以从多条途径去理解，这样的话彼此之间就构建出比较完整的途径。

（2）提问者：我在看到进化论的时候，生物进化既有进化变化，又有退化变化，那么知识的进化是否也有这种现象？

吕：是有这么一个问题，我在第一次课谈到了自然界中的一部分进化的同时，另一部分退化。那么退化的过程在知识论的过程中表现在哪里？或者说知识论，如果是世界1有循环，那么世界3有没有循环呢？我觉得世界1、世界2、世界3之间有这样的对应关系，但并不是一一对应的，不是严格决定的。我认为世界3不存在退化。一切知识在此时此刻感到不妥，到另外一个场合就有它的价值，没有什么知识是绝对错误或荒谬的，在某些场合都可能是有价值的，所以世界3里面不存在所谓退化。

（3）提问者：经济学和人文社会科学什么关系？

吕：经济学是人文社会科学中的物理学。

（4）提问者：所谓社会科学就是用自然科学的方法来研究社会问题，早期就是用实证主义来研究社会学，那么您刚才讲到低层使用高层的知识是有障碍的，那么社会科学发展到如今是否属于科学？

吕：不能简单搞照搬是对的。为什么社会科学相对而言比人文科学更接近科学一点？因为以数理科学来对待，那么个人之间的差异就抹掉了。以相对的统计的整体的东西，相对就比较科学，比如预测，我们没法预测一个人，但可以预测一群人或者更大的一群人。

提问者：这是它借用了自然科学方法造成的，还是本身它的研究对象的不确定造成的？

吕：我想这里面两者都有，另外一个就是研究的两条道路，我们对社会科学的研究是否经过了那个拐点，经过了两条道路的那个转折点，有些东西可能还在往前的路上，有些可能已经经过了，有些东西在经过了以后发现还不到，回过头来还要继续探索。

提问者：第一个问题关于道和德与两条道路的关系。第二个问题，按说知识是规律确定的，客观的，是不能被高层选择的或者说选择必须建立在客观规律的基础上。

吕：关于第一个问题，我想我在讲马克思的两条道路的时候，已经说过了。第一条道路，分析、抽象、比较、分类、归纳，得出"道"，第二条道路，综合、演绎，以"德"化育万物。关于第二个问题，在工程领域如何根据目的对规律进行选择。譬如说，这个工程必须要满足可靠性，必须满足安全性，必须满足可用性。我首先要满足安全，在安全的前提之下然后我再考虑是否能更便宜，更方便，更可操作等等，这就是价值观对规律的选择。三峡造还是不造，两种观点争论不下，一派伦理学家们说移民带来的问题不能解决，另一派生态学家说这会造成生态破坏，水利学家说这个工程会带来大量能量，然后中央对这些规律进行选择。所以对规律进行选择实质上就是黑格尔说的话，利用一部分自然反对另一部分自然，这是人可以做得到的。人没有力量与自然界抗衡，但是可以利用一部分反对另一部分。当然反对的结果出现了双刃剑，那是另一回事。

(5) 提问者：在知识之树上，那些叶子本身是有个性的，那么如何理解创新？

吕：这个问题太大了。譬如此刻，你认为我是创新吗？你认为创新很难吗？创新应该来说是每个人都能做得到的。你先不要考虑创新的难或者易，我觉得周围很多东西看上去都可以创新。第一个是社会环境的问题，第二个是自己有没有这样的激情、这样一种能力的问题，其实从客观的角度来看，应该有大量的创新有待你去做。那么如果考虑这两个问题的话，外面的环境，我们没法改变，但是你自己我觉得是可以去创新的。你只要想去创新，一定能够做到创新，同时我相信你一定能够做到这一点。

(6) 提问者：不同朝代的知识之树是否都有其价值？传统文化之树和叶子能否经过兴旺、萎缩、再兴旺的过程？

吕：这是一个很好的问题，我猜你是农业大学的学生吧。

提问者：是的，我是南京农业大学的。

吕：农业大学的学生对树很感兴趣。我这棵树实际上是一个宏观的考量。微观的考量，其实每一个阶段，每一个时刻，每一个个人，都有这样的一棵树。哪怕说，我们只有一片叶子，从全息论视角看，它里面也有一棵树。一滴水看太阳，每一颗灰尘中都有一个佛。有了分形理论，这些话现在看起来是有它的科学依据的，这是第一点。第二点，这棵树现在从整个社会来看，整个世界的文明进程来看，是这棵树，但是实际上我们前面说过了，这个世界停留在"树"的各处。还记得阿尔卑斯山上的那个小姑娘说的话吗？那个小姑娘说她喜欢她祖奶奶，她们所唱的歌，喜欢贝多芬、莫扎特，喜欢麦当娜，这些知识同时存在于世界之中。第三，每一个国家，每一个民族，每一个时刻，它同时应该都有一棵树。所以从微观的角度研究知识之树，同样是一个非常有意思的问题。我希望以后有机会你能做这个东西。很多事情，我们都可以从这个树上找到答案。

(7) 提问者：您从两条道路讲到知识之树，感觉对于树干、树枝和叶子讲得较多，树根讲得较少，其实也可以从上往下来看。

吕：其实对于树根讲得也不少，以至于有学生把我讲成地方主义者了(笑)。这棵树是上下对称的，由底下到中间是一条道路，由中间到上面是第二条道路。你把这棵树折起来就是两条道路。由各个细节通往非嵌入编码知识，通往转折点，由转折点构建，这样这棵树就和两条道路结合起来。

提问者：还有一个问题，您刚提到的无差别的一和有差别的一，这是不是和我们传统文化的君子和而不同、小人同而不和一个意思？

吕：传统文化中任何一句话都可有无穷的解释，但是我不取这样的解释。我觉得有些东西必须达到一致，那就是我说的非嵌入编码知识，我所强调的普世价值，或者就是道。所以现在很多关于道德的说教，我觉得不值一提。道本身就是缺陷的，然后要求我们做到这个"德"，那个"德"，怎么做得到呢？首先你把"道"做对了，再谈德的问题，可以这样来理解。

关于三个世界之间的关系以及关于知识与权力的关系，都是我很难有机会讲到的内容，所以有些会比较生疏或者是不确定的地方，希望各位能够注意这样可能存在的问题，不要全盘接受，谢谢大家！

第七讲　两种文化边界的推移

（沈继瑞整理）

一、释题

今天我谈的题目是“两种文化边界的推移”。“两种文化”是所谓“科学文化”与“人文文化”，从1959年提出后引起很大争议，也引起了很多的讨论。据我所知，讨论这两种文化的边界和推移的成果还没有。实际上这两种文化的边界一直发生着变化。上海交通大学的江晓原教授说：1959年的时候，科学还处在被人文边缘化的状况下，斯诺要求改变这种状况，但半个世纪后，一种文化正在侵凌于另一种文化之上。我想，江教授说的就是科学文化对人文文化的欺凌。这种欺凌或侵凌，显然就是两种文化边界的推移。科学文化主要关注的是科技、事实、规律等物质层面的东西；人文文化主要关注的是人性、终极关怀等。前者正在以势不可挡的姿态进入后者的领域。

这里还有必要区分两种文化边界的推移，以及在两种文化的边界上发生的相互作用。前者发生在宏观层面，可以说是看得见摸得着，不仅是江教授，而且我相信，每一个人都感受得到；后者发生在微观层面，需要有学者们的细细探究。另一点区别是，说起两种文化边界的推移，所谓“推移”，显然就是一种单一方向的变化，当然只是看起来是这样，后面还要谈到；而“相互作用”，如果发生在两件事情之间，那就是双向的影响。学者们对微观层面的双向作用已经有比较详尽的研究，今天主要讨论宏观层面的“单向”推移。不过，由于在实际上不可能清晰区分宏观与微观，所以，在讨论宏观之时，也会涉及微观的相互作用。

二、科学文化在内容上进入人文文化

1. 科学的扩展

首先，讨论科学的扩展。第二讲谈到当代科学有三大发展方向：沿量子阶梯向上、向下,以及扩展(见图 2-1)。先说向下。最新的成果是欧洲的强子对撞,发现希格斯玻色子,被称为"上帝粒子"。现在越来越认识到,探索宇宙的奥秘与了解人性是结合在一起的。再说向上。沿着量子阶梯向上直接涉及生命和意识形态,也就是跨入了人和社会的领域。第三个方向是扩展到量子阶梯以外。扩展,必然要涉及形形色色的语境,一旦涉及语境则必然涉及特定的主体及其价值判断,从而进入人文文化的领地。由此可见,21 世纪科学发展的三大方向,从本体的角度直接进入人文文化领域,构成与人文文化之间的冲突。

其次,看科学方法的影响。传统科学方法如分析、归纳、演绎、假说、实验等,一旦为民众所掌握,就会用科学方法重新审视传统文化,包括传统文化中的意识形态,这就对传统文化构成了挑战。现代科学方法要求主体全身心地参与,因此对人文文化的影响更为深入。现在我们主体认识世界,如建筑学讨论建筑,越来越要考虑身体的影响。全身心的认识不仅仅是脑子,而且是心、是身。也许我们对自己内部世界的洞察,和对周围世界的洞察将一起到来。有必要强调一下复杂性科学。复杂性科学讨论复杂的对象,它同时具有方法论意义。复杂性科学引入了研究者和被研究者,二者可以互易。同济大学的朱大可用他自己的一套特殊话语来研究中国传统文化,同时,我们也通过这套话语来认识朱大可自己。在这种"互易"或者说"互文"中,也就打通了上次说到的三个世界之间的关系。目前哲学界有一个分支叫实验哲学。由此看来,科学文化通过科学方法逐渐进入到人文文化领域。

再次,科学规范与科学精神。默顿说过科学活动的五项规范,科学文化通过人的内心世界来影响人文文化,一个是从外部的,一个是从内心的。

2. 技术的发展

与此同时,技术不断地沿着马斯洛的需求层次上升,由此进入人文文化的王国。有趣的是,这样的推移,首先取代的是科学技术本身。如 DNA 的排序逐步用机器来做。今后的科学在简单部分由机器来做,复杂部分才由科学家来做。

技术发展的趋势可以见图 7-1:一是从生理需求到精神需求,从温饱和简单的衣、食、住、行,到高铁、别墅;二是从贴近自然界与科学相一致,到贴近社会和人,与实际的生活相一致,例如从机械技术、金工技术、电工技术,到食品业、服装业和房地产业等;三是沿第一产业、第二产业和第三产业的方向。前面的讲座已经谈到技术的发展沿

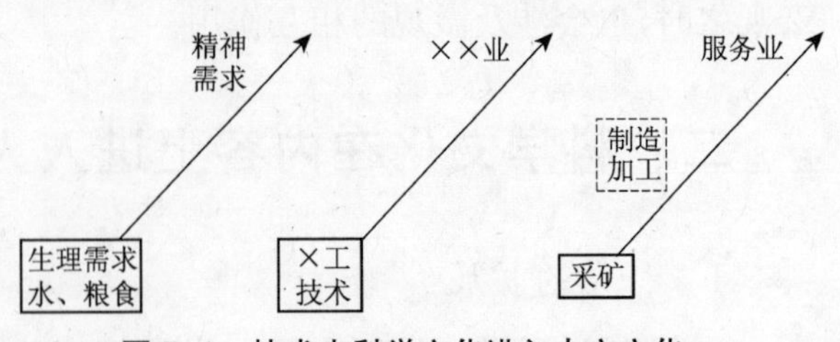

图 7-1 技术由科学文化进入人文文化

运动形式上升的“人化”的过程，类似于生物进化树。技术的发展逐步进入到人文文化领域。汪丁丁在一篇文章中说道：托夫勒作为一个未来学家最深刻的预见是，人在数十亿年形成的心理没法容忍和适应科学技术如此高速度的发展，由此将引发一场深刻的总体性危机。这种危机就是科学文化对人文文化的侵凌。奥格本曾提出“文化滞后论”。比尔·盖茨说：技术是从来都不会等到人做好准备以后才发展的。这是我们从对象的角度谈科学文化进入人文文化。

三、科学文化的主体进入人文文化领域

接下来说科学文化与人文文化的主体相互进入的意愿，我们经常看到科学技术专家进入人文文化领域，但很少见到人文文化专家进入到科学领域。科学家的人文精神与人文学者的科学精神二者之间严重失衡。

为什么在科学文化中人文学者缺席？特别是中国的很多作家。科学文化的影响如此的深刻，我们看到如《黑客帝国》等等，从肉体到思想无不受科学技术的深刻影响，无论是生物技术还是互联网。但是中国的科学家和小说家表现出两个缺席：一是物的缺席，通常只把用电脑看成是“换笔”，网络小说充满了诡异，没有看出网络给人带来的严肃深刻的变化。再说说我所从事的科学技术哲学吧，特别是其中的技术哲学和STS，通常大学里认为不是哲学，没有哲学味，所以有学者立志写出基于分析哲学的技术哲学，以提升技术哲学的哲学味。这恰说明人文学者进入科学领域非常罕见。

人文文化还对科学文化表现出某种误读。《时间简史》为何如此吃香，《果壳里的世界》这种科普其他物理学家都能写出，但唯有霍金如此受到重视，《南方周末》的一篇文章分析说，因为霍金起到一种半人半神的姿态，一种能够接近宇宙奥秘的大祭司，他那充满古怪的脸和挂满古怪仪器的轮椅，就像是一尊庄严肃穆四处移动的雕像。这话说得很有趣而且刻薄。这充分说明了人文文化对科学文化的不理解、扭曲、歪曲，甚至当作神话。

或许正因为不满意这样的状况，有人提出一种所谓“第三种文化”。一位美国作家说美国知识分子日趋保守，用自己的一套术语在自己的领域里兜圈子，对种种评论再加以评论，然后再评论。澳大利亚莫纳什大学的一位软件专家编写了一个软件叫做“后现代文本发生器”。一些后现代的论文不知所云，把一些各自边界清晰、内涵精确，同时又不能彼此兼容的现代性词汇堆砌在一起，就叫做后现代了。

再来比较可以归入人文文化中的行动者网络和冲撞理论，与可以归入科学文化

中的技术路线图。拉图尔行动者网络的研究结果，类似于对古希腊四大悲剧的语法研究，在这种研究中，几乎看不出他们的人文倾向。相反，在隶属于科学文化的技术路线图，把科技放在特定的语境中，充满对企业、行业和当代社会的人文情怀关怀。

所有这些都表明了科学文化的主体进入人文文化而人文文化的主体没有在同样意义上进入科学文化。以上我们从两个方面谈了科学文化与人文文化边界的推移。

四、为什么会发生这样的推移？

1. 上向因果关系

(1) 从科学技术自身的发展来看

我们发现科学从几何学开始，从科学中最简单的分支开始。如果我们解剖一下天文学这门学科的发展，发现也是如此。天文学中最简单的是几何学天文学，探讨天体在空间的相对位置，地心说、日心说，轨道是圆还是椭圆。然后是力学天文学，万有引力、摄动、三体。到了 19 世纪进入天体物理学，深入到天体内部，探讨天体的产能机制，这是一个由简到繁的过程。在所有的科学门类由简到繁的发展过程中，中医是个例外，不是由简到繁。或许正是由于这一点，所以一些人认为中医不是科学。

由技术的发展路径可以说明得更清楚。从十七八世纪开始，沿着运动形式由低到高一路向上，从化学运动到生命运动到意识运动。这样的一条线就是不断的从科学文化进入人文文化。

量纲也是理解科学技术发展路径的一个切入点。几何学可以没有量纲，例如证明两条边相等、平分一个角，或者三角形全等之类。然后力学、电磁学、地质学、化学、生命科学……量纲越来越复杂，量纲越复杂其包含的信息量越大，知识也就越难以从对象所处的语境中分离出来，从而一步步进入人文文化的领地。

还可以从博弈的角度理解这个问题。可以把科学技术理解为人与自然的博弈，科学技术从最简单的对手开始，弄清楚了，就找稍难一点的对手，再找更难的对手，步步为营，这就是所谓演进博弈。到后来，博弈的双方越来越难分彼此，也就是逐步进入了人文文化的地盘。

(2) 把科学文化和人文文化放在一起来看

由科学文化到人文文化，是一个知识由简单到复杂、由低层次到高层次、由嵌入到非嵌入、由生理到心理这样一个过程。非嵌入编码知识向特殊的个性及其语境渗透，由低层次向高层次的渗透，由简单进入复杂的领域，由生理进入心理的领域。

① 层次的高低

刚体能够自由转动，当其自由转动的时候能为我所用吗？给乱转的刚体加个约束，让它成为绕一个定轴转的刚体，这个刚体的自由度下降了，却成就了“门”，之所以是“门”，因为那个轴是确定下来的，为我所用。这就是对规律的选择。这句话前半部分就是单纯的力学，是真善美中的“真”，是非嵌入编码知识；后半句把“真”置于特定的语境中，满足特定主体的目的和审美，受到价值观的选择、引导和组合。真，是善和美的基础，同时也是恶和丑的基础，或者说真对善和美的非嵌入性。“双刃剑”的问题也是同样的意义。门的选择要考虑安全性、可靠性、可用性、经济性等，经济性排到最后一位。我们目前谈到技术理性，说技术理性是如何计算的，这种计算的第一步恰恰不是经济而是安全。技术理性如果把安全放入其中，怎么能说其就是应该摒弃和批判的东西呢？经济是技术最后考虑的问题。

科学文化与人文文化说到底不属于一个层次，不是并列的关系。科学文化处于较低的层次，人文文化处于较高的层次，类似于量子阶梯上的低层次和高层次。科学文化和人文文化的关系就是第一次讲座中的上向因果关系和下向因果关系。

② 嵌入与非嵌入

相对而言，科学文化非嵌入，人文文化嵌入。科学文化涉及马克思“两条道路”的转折点，是一种抽象和理想化。世界上其实不存在孤立绝对的科学文化，所有貌似清白的科学文化无不受到人文文化的制约和引导。而人文文化强调知识的嵌入，一旦嵌入就是个性、语境和主观性。世界上同样不存在孤芳自赏的人文文化，所有貌似高高在上的人文文化，无不在实际上建立于科学文化的基础之上，建立于非嵌入编码知识的基础之上。所以，其一，位于较低层次的非嵌入编码知识，必然向上渗透到较高层次；其二，因为它抽象、非嵌入，所以一定会嵌入到具体的、实际的、个性的语境当中。反过来，较高层次的知识，嵌入的知识，能在同样的意义上应用于抽象的、简单的低层次领域吗？这是不可能的。所以较高层次的人文文化难以以同样方式影响科学文化。人文文化必然影响科学文化，但不是以同样的方式。

(3) 经济学帝国主义

我们以经济学帝国主义为例进一步讨论这个问题。先讨论由下而上的推进，即科学文化侵凌人文文化。上世纪 70 年代，有一位经济学家用经济学概念分析非经济学问题，得出了出乎意料的成果，这就是经济学对人文社会科学的渗透。按马克思所说，这就是经济学的数学化或成熟。这样的渗透说明了每一个人都有其利益追求的本性，甚至于所有的一言一行，其中或多或少都有利益的影子。所以物理学中的最小作用量定理，应是基本的宇宙定律，以最小的成本获得最大的收益。诺贝尔奖获得者弗里德曼说过，以经济人的角度来看，在追求私利方面，上帝和魔鬼没有区别，在底线上是一样的。经济学对哪怕是家庭成员行为等的分析，都在不同程度上说明每一个个人都有利益的追求。一切行为都包含利益问题，不是说都归结为利益。

既然经济利益是一切利益的基础，那么经济学也当然是人文社会科学的基础。如果对象中某一部分是基础，那么研究这一部分的学科在学科群中也是基础。这就是在“世界1”对象中的关系，同样是“世界3”学科间的关系。这是上次课讨论“三个世界”的关系时说到的。经济学在人文社会科学中的地位正如物理学在自然科学中的地位，不能想象没有物理学的化学和生物学，也不能想象没有经济学的伦理学。当然，也不能想象没有科学文化的人文文化。

① 物理学与经济学

诺贝尔经济学奖得主莫里斯·阿莱斯对此深有体会：“我对理论和应用物理学的所有研究，表面看起来，似乎距离我作为经济学家的主要活动如此远，实际上它们以极宝贵的经验丰富了我……它们引导我反思我们的知识、经验和理论的性质及一般科学方法。经济学和物理学中关于构思模型经验数据的解释问题的相同性，特别使我震惊。没有什么事情比这两个表面上如此不相似的科学之间的对比，对我更有教育意义了。”

看看物理学与经济学的相通，把物理学研究方法用于经济学，经济学和物理学关于构思模型等等的相同性。物理学和经济学分别处于自然科学和人文社会科学的基础地位，物理学研究自然规律中最基本的东西，经济学研究人性中最基本的东西。它们都处在相关学科群的最底层，都是相关学科群的非嵌入编码知识。

② 市场经济和重复博弈

1992年中国转向市场经济，但没有了解市场经济的基础，在于关于人性的两个基本假设：个人本位与个体对个人利益的追求。当前中国既不是个人本位，同时又在观念上否认经济人假设。市场经济的第三个出发点就是普世价值，天赋人权。

通常认为亚当·斯密就是经济学家，其实他还是伦理学家。亚当·斯密首先揭示，诚信—道德情操，是在市场经济中、在重复博弈中自然而然生出来的东西，在诚信的基础上，才可能实现“国富”。如果中国能真正地进入市场经济，我们就同样能培育出诚信，中国人在经济活动中的违规不是我们的本性，是因为我们没有从市场经济的底线出发。

2. 下向因果关系

接下来再反过来，谈“由上而下”。张华夏先生首先提出上向因果关系和下向因果关系，这是个普遍适用的原理。前面讲经济学如何向上渗透进入人文文化领域，但反过来也不断受到下向因果关系的引导、制约、限制、选择。

(1) 人文学者对经济学帝国主义的警惕和批判

人文文化学者对任何科学文化的渗入都需要警惕，但不是拒绝。人文学者认为，经济学家现在严重地忽略了我们生活中的文化因素。人文学者这样的一种警惕，也就是对经济学家向上渗透的一种批判，在批判的同时也就是对上向因果关系施加了下向因果关系，施加了人文文化对它的影响，正如主体对自由转动的刚体施加了限定。

① 必须考虑到社会心理因素

第一，行为心理学发现决策的偏见和局限有太多的心理因素。发给你 100 元与丢失后又找回 100 元的心理肯定不同；借钱花和花自己的钱心理肯定不同。第二，行为金融学，比如股市的井喷和跳水、从众、追涨，等等。第三，博弈论，多均衡、合作行为的可能性。博弈，不仅仅是你死我活的关系，还有合作博弈，等等。第四，演化生物学和演化经济学，证明任何生物的生存都有上下限，人更是如此，并非贪得无厌。

② 市场失灵和政府(制度)的作用

第一，信息不对称，所谓只有错买没有错卖。信息不对称就是权力，所以政府的监管是不可缺少的。第二，非线性经济学，对于西方相对自由的经济，同样发现有路径依赖和锁定，新路径不一定是最好的，很多东西都是传统的延续。比如打字机，为了不让打字键后面的连接杆纠缠在一起，把常用的字母在键盘上分开放置。但用了电脑，在键盘的后面没有机械连接，而字母却还是如此排列，这就是路径依赖。垄断企业的称霸可能是逆向选择而非选优汰劣的结果，所以需要反垄断法。第三，企业家的行为和创新经济学。经济高速增长的国家，其动力不是来自保护产权，而是来自保护创新，亦即提高破产程序的效率，限制私有产权对新技术引入的障碍。自由竞争未必通往一个最佳结果。第四，市场行为取决于游戏规则，否则不会无条件地收敛到最佳状态，政府在制定竞争规划、技术标准上有重大作用。

③ 从理论与实际、历史与现实关系讨论嵌入和非嵌入

经济混沌和经济复杂的研究表明，经济更类似生命系统而不是力学系统。持续的经济波动和新陈代谢是熊彼特“创造性毁灭”机制的核心。这是一个复杂过程，不是机械推出的。

亚当·斯密说的"看不见的手"只存在于工业革命前小规模的市场经济。现代的混合经济包括民营经济、国有经济和非政府非赢利的社会经济,才能实现效率、稳定和公平的持续发展。市场竞争是良性还是恶性循环,取决于市场、政府、民间社会之间的互动。斯密的时代,可以说是:只有个人,没有社会;只有市场,没有政府;只有利益,没有心理。这和莱布尼斯的"单子论",和人是机器是一脉相承的。由此可以再次说明,现代性、现代社会是人类历史的一个转折点,相当于马克思两条道路的转折点,亚当·斯密的市场经济是转折点。亚当·斯密之所以只看到了市场没有看到政府,只看到了利益没有看到心理,是因为当时的社会和个人的状况基本上就是这样。西方内生型国家是在市场的自组织基础上一步步形成的。在亚当·斯密的时候政府、国家、社会尚处在自组织的起点。

④ 耗散结构理论

还可以从耗散结构理论的角度来理解。任何生命系统的开放都是适度的。要维持系统内外非均衡的存在,个体的存在,企业、国家和细胞的合理边界都是选优汰劣的半透膜,既能吐故纳新,又能阻挡敌对势力入侵。每个人的知识吸取也是通过半透膜实现的。所以市场的自由,是有条件的自由。

(2) 本体论和认识论分析

只考虑到由下而上,只考虑到上向因果关系在本体论和方法论上是有缺陷的。缺陷在于简单化,忽略个体及个体间的心理相关与合作,把简化的模型等同并应用于实际。没有考虑现代经济的极端复杂性。将历史等同于现实,没有考虑边界条件和初始条件。边界条件包括个体间的各种关系和游戏规则。对内,把市场理解为均匀的内部无差别的一,类似于理想气体。波义耳定律必须在特定的压强范围之内才能理解体积与压强的关系。初始条件是路径锁定的,中国进入市场经济不是从零开始的。

从认识论的角度。西方认识论的根源是在古希腊,认为有一个独立于人的存在,有一个不变的本质存在,这个独立的存在可以由理性来认识。所以西方文化始终有一个现象与本质的张力。通过现象,西方文化认为存在一个"在",变化后的不变者,及各种现象背后存在一致性。田海平教授认为西方文化就是"有底之思",直到20世纪中叶,整个西方文化都在讨论这个"底"是什么,在哪里,怎样揭示这个"底",以及所揭示出来的是否就是"底"。上向因果关系如果走到极端就是将抽象、脱域、普遍、必然的非嵌入编码知识等同于复杂、处于特定语境之中、个性和多变的现实。

人文文化对科学文化的批判就表明了人文文化对科学文化的引导和建构。工程知识是沿着功能性—可靠性—可用性—经济性的方向集成，而不是逆序进行，这样的秩序就是由上到下。技术理性不仅不拒绝人文，而且包含了人文，首先考虑的就是人文。技术之树就是人的生成过程，不是简单的再现，是贯注了人的意志、目的、观念、情感、知识，朝人的方向发展的过程。乔布斯的产品充满了社会需求对它的选择作用。

五、边界的推移：身后的与面前的

最后再谈边界的推移。推移过去后在边界的后面留下了什么？在边界的前面展现了什么？

1. *在边界推移的身后*

在边界的后面留下的是两种文化的结晶，不只是科学文化。

例如物理学进入化学，提出“分子轨道”的新概念；化学进入生物学，提出“生物大分子”概念。对经济学帝国主义的警惕及政府对市场的介入，就是两种文化的结晶，房地产的“限购令”难道不是受人文文化的影响吗？再例如前面讲过的“科技黑箱”，凝聚其中的难道只有科学文化吗？科学知识只是制造科技黑箱的前提，科技黑箱为价值观所左右，在社会体制的母腹中孕育，是包括科技在内的整个社会造就了科技黑箱。两种文化边界的推移，貌似科学文化攻城略地，每一步进展都是在人文文化的关照之下，经由人文文化的选择，注入了人文文化的因素。即使在使用中，科技黑箱也会越来越深地受到消费者的影响。如使用一个月后的电脑已经深深地打上了个人的印记，不仅是内容，还有软件的更新、网站的选择，还有输入法和个人的词汇等。再看前面提到的“门”，自然界的“自由度”下降了，而人的自由度却增加了，这难道不是人文文化？

对科学文化持偏见的人恐怕没有想到，他们所批判的对象，正是他们赖以安身立命的基础，不仅是科学文化，而且是人文文化。因而，他们的所谓批判，无疑是在动摇自己的根基——不仅来自科学，而且植根于历史和文化。马克思说“人类学意义的自然界”，难道不正是人类自身的生存、繁衍和发展，在价值观引导下的选择，以及形形色色社会关系的博弈，在科技黑箱上的映射？

所以说，在边界推移的背后留下的是两种文化的结晶。福柯说，“科学(技术)传播在本质上是实验室的权力关系对整个社会的标准化重构”，是将社会整个的运行建立在科学文化之上，“同时又是社会对科学知识与权力关系的‘去标准化’重构”。福柯这句话就是张华夏所说的"上向因果关系"和"下向因果关系"。前半句是科学文化对人文文化的"重构"和改造,后半句说明人文文化对科学文化的选择、整合,以及引导。

2. 在边界推移的面前

再看在两种文化边界推移的前面展现了什么。

(1) 促逼

科学文化不断地对人文文化进行"促逼",我把这种促逼概括为:选择—责任—权力。技术为我们打开了一扇门,在什么时间、地点,为何打开这扇门,都是人的选择。选择就是权力,科学文化提供的产品、机会、可能性越多,越是多样化,越是层出不穷,也就是赋予人文文化以更大的选择权力。从科技黑箱的使用来看,随着科技黑箱的人机界面日益友好,操作愈益简单便利,双刃剑的哪一刃都愈加锋利,使用者愈众,赋予更多的使用者更大的责任。譬如微信,譬如互联网。恐怖分子经过简单的培训,就可以用肩扛式导弹击落民航客机。3D打印可以轻易做出手枪。但是,人文文化没有做好准备之时突然有了权力,不知如何应用,也没有意识到并承担责任。

人文文化随着科学文化的不断进逼,有必要提出一个作为"类"的文化。一是人与自然的关系,一是人与人工自然的关系。在人文文化中,个人、国家和民族,以及人类,后者正在日益超越个人乃至国家,其权重越来越大。这就是科学文化对人文文化的"促逼"。

(2) 遮蔽

科技文化每前进一步就会把新的人工物做成科技黑箱,越来越多的嵌入编码知识已经内置于人工自然中。随着人工自然与人合为一体,集成于其中的非嵌入编码知识就用不着再去学习和计算了。例如企业中的ERP,已经内置于企业之中了,不需要再拿出来重新做,企业的运行已经建立在ERP的基础之上。人文文化由于科学文化的侵入,单调的、重复的、一致的、普遍的、低层次的、非嵌入的知识普遍遮蔽起来。这些东西的遮蔽为我们的解蔽提供了可能。

科技黑箱越来越多地接过机械和程序化的工作,让更多的人在其所提供的共享知识的新的平台上从事发现和创造。网络代替了我们的记忆,解放了我们的创造性。傻瓜相机没有让我们变傻,它提供了我们更多个性创造的机会。IT的外部性要求更广泛的沟通和交流,由此方能体现其价值。由于科学文化的进入,人文文化有了更广阔的天地。所以说,遮蔽就是解蔽,也就是对人的解放。

(3) 解蔽

解蔽赋予了人更大的自由。

第一,主体操作的自由度和影响越来越大,来自社会及内心的“道德律”——规范日益显现。

第二,科技黑箱在“遮蔽”了普遍与必然,遮蔽了大家都一样和重复的事情之后,也就是为独特的个性与一时兴起的创造去蔽,为捕捉偶然性和直觉去蔽;遮蔽了数理化乃至科学技术之后,即为文化的繁荣去蔽,并开启更大的空间,如动漫和虚拟现实技术等;遮蔽了因果决定论和历史决定论之后,为目的和价值观对行为的引导去蔽。

第三,去蔽,必然对主体提出更高的要求。这里面有两种情况,一是对技术的立场从批判到恐惧。十八九世纪,人们批判机械技术,卓别林的《摩登时代》是这种批判的经典之作;而现在面对技术一日千里,以及没有尽头的发展,越来越感到恐惧。这样的恐惧,正是出于对这样的去蔽和解放缺乏准备。二是“娱乐至死”,网瘾是现实,而“娱乐至死”则是警告。歌德早就在他的《浮士德》中预言了梅菲斯特的角色。技术的发展,由于它的不断去蔽、不断遮蔽、不断解蔽使人跟不上科技的步伐。科学文化的不断发展,为人的自由提供了更大的空间。

3. 两种文化的边界变得越来越细碎和模糊

这一点可从以下几方面理解:

第一,复杂性。在复杂性视野下,对象独特的个性、所处的语境——初始和边界条件、偶然性、涌现和扰动等等,都被近现代科学在抽象和理性思维中舍弃掉了,所谓“必然性通过偶然性为自己开辟道路”,重要的是必然性,偶然性只是途经、过客,无足轻重。现在,这些被舍弃的东西成为复杂性科学的研究对象,进入聚光灯下和舞台的中心。

第二,把抽象的概念引向现实,重视个别的对象及其特殊的语境。越贴近现实,情况就越是复杂,譬如说,量纲复杂到不可胜数,因而对象的边界细碎,在细碎的边界上,难以区分什么是科学文化,什么是人文文化。

第三,主体的介入。主体各不相同,主体所处的环境和主体自己的心境都处于变化之中。一点水看太阳,每一颗尘埃都有佛。

第四,后现代科学本身是后现代思潮的重要组成部分。前者是科学文化,后者是人文文化。科学文化与人文文化的界限越来越模糊。

后现代科学研究的每一个领域都和其他领域有着千丝万缕的联系而不可分割,所以强调对于其他领域研究的宽容、理解与协作。伦理道德不仅仅是伦理上的关系而且还是一种本体上的要求,因为研究和对象本身结合起来了。

选择和创造,选择就是创造。默顿的规范其中有一条就是合理的怀疑性。我认为目前应该把怀疑改成选择与创造,不确定期待选择,不确定呼唤创造。计划经济之所以不可行在于组织安排好了一切,没有了创造。政府做得越多,百姓创造得越少。每个个体都处在系统之中,随着个体的选择与系统一起进化。改革开放就是每个个人投入到改革当中与整个国家一起前进。科学由怀疑到选择和创造,逐步深入人文文化的领地。

科学像是一团不断膨胀的星云,其内部变得越来越松散,边界变得越来越模糊,无法找到一个终极的基本理论。

六、人的生成

在科学上是最初的东西,也一定是历史上最初的东西。这是黑格尔的一句名言,长期以来,这句话被理解为体现了黑格尔的绝对精神和唯心主义。

若是以人为认识和实践对象,那么人的知识也就是世界 3 和实践活动由下而上的推移,实际上也就是主体,也就是世界 2 的生成过程,由低到高,由单一到复杂和建立起彼此间的联系。

世界 2 既是个体,也是由个体所组成的社会。知识的社会建构,也就是社会的知识建构。社会正是在建构知识的同时建构了自身。"建构",不仅是认识过程,而且是实践活动。认识与实践二者相比,实践活动对人和社会生成的影响更大。

再回过头来看一开始所提及的"欺凌"。我认为,所谓"欺凌",实际上就是人的生成过程。斯诺在 1959 年提出"两种文化",只是挑明既有事实,在这之前,两种文化实际上已经存在,并且可以一直追溯到近代科学革命。近代科学革命兴起之时,也就是科学文化萌芽之际。在科学文化萌芽之前存在着的是传统文化,但科学文化一旦萌芽就辟出了一块新的领地并不断地扩大。而传统文化中尚未受到根本触动的部分就成了一部分人心目中的人文文化。现在所说的人文文化,在相当程度上大概就是传统文化中还没受到科学文化影响的那部分文化,由此可见,人文文化本来就源于传统文化,人文文化与传统文化一脉相承。这样看来,两种文化之间边界的推移,就是近代之后新出现的科学文化,对传统文化日渐深入的改造。在边界身后是经改造的传统文化,或者说是两种文化的结晶;在边界的前方是对传统文化的解蔽,并且开拓了前所未有的新的疆域。总体来说,两种文化边界的推移,就是人的生成过程,就是马克思两条道路之“第二条道路”。科学文化对人文文化的“欺凌”就是人生成的过程，我们应该把握这一过程。

总体而言，人的生成大概是如下过程：第一，由下而上，是对象本身的生成；第二，在生成过程中，主体视野不断上升，不仅仅看到了物理和生理，也看到了心理，不仅看到了自己，也看到了他人，不仅看到了他人，还看到了人类，看到了善和美；第三，人工自然逐步取代自然，成为“人类学”意义的自然界，成为了人不断生成的一个越来越升高的基础；第四，从二维到三维到四维，经济人假设是二维，成为一个社会中的人就是三维，央视追着你问你幸福吗，大概就是四维了。

以上就是我对两种文化边界推移的理解，谢谢！

提问与探讨

下面请大提问。

(1) 提问者：两种文化的概念有没有清晰的定义？

吕：这是一个有趣的问题。两种文化是斯诺提出的，也没有一个定论。主要区分科学家所持有的文化和人文学者如莎士比亚等所持有的文化。其边界没有清晰的标准。在思维中，可以抽象出并严格界定的例如理想气体，但真实的客观世界没有，我们在研究中可以使用。在人文社会科学领域，要抽象出边界清晰的概念就更难。科学文化，虽然声称“科学”，但依然落在文化的领域里。两种文化之间的界限只能是模糊的。不过虽然如此，我刚才所讲的两种文化之间这一条模糊的界限正在发生推移。虽然我们没法精确定义二者的边界，但它的推移却是真实存在的。

(2) 提问者：是否存在科学人文化和人文科学化的趋势，科学和人文二者能否走向统一？

吕：我想这种边界在不断推移，因为我们还有无限的空间科学文化尚未进入，所以这种推移还会继续，在推移中边界一定是逐步地模糊，越推移越模糊，但模糊不等于不推移。

提问者：二者越来越交叉，最终是否能融合？

吕：交叉向前推移，身后的边界越来越模糊，但前面的空间更大，发展是无限的。越往前走越感到我们有更多的东西没有认识，这推动人文文化有新的建树。科学文化与人文文化是一个水涨船高的过程，在新的科学文化界面上人文文化要有新的东西出来。

在科学创造中，前面的空间更大。后面的融合了，前面的等待融合，而且已经融合的部分也不是一劳永逸，随着科学技术的新的进展，会接受新的科学文化的洗礼。

(3) 提问者：人文学者的科学文化与科学家的人文文化失衡，是不是因为人文文化的意会知识、嵌入性知识比较多，科学文化的编码知识和非嵌入性知识比较多，意会知识不需要规范性系统性的学习，所以科学家学习人文文化比人文学者学科学文化较为容易？

吕：我认为你的论据和论点不能互相推出。你的论据本身是正确的，意会知识不能按部就班地学，需要一种悟性。你的论点本身也是正确的，科学家学人文文化比较容易。人文学者研究的是个性，但个性不能代表普遍性，普遍性能进入每一个个性。科学家研究普遍性，所以能渗透到个性当中，但反过来个性不能代表普遍性。民族的就是世界的也要看民族中的哪一部分，只有民族中具有共性的东西才是世界的。科学文化是低层次的、非嵌入的，低层次的能够进入高层次，这是上向因果关系，非嵌入知识进入嵌入知识的领地。

(4) 提问者：对于传统文化中的"迷信"问题，科学是否能进入，最终认识迷信？

吕：对于迷信有一个界定问题。什么叫做"迷信"？在相当程度上，迷信是由科学来界定的，而这个界定本身是有问题的，随着科学的发展，本来认为迷信的东西恐怕不是迷信。我们对迷信要重新阐述，而且要不断地重新阐述。有些在传播过程中变成了糟粕，但其中一定存在有待解释的东西。所以古代的神话都会有它的价值。我认为科学能进入原来以为是迷信的领地，但未必可以解释一切，同时，一定还会有新的迷信产生出来。此外，在我们进入后现代的时候要多看前现代。

(5) 提问者：当代两性中有向中性发展的倾向，女性向阳刚发展，男性向阴柔发展。您认为这是现代性发展的正常现象还是阶段性的非正常现象？

吕：这里面有两个问题。个性化的发展一定是逐渐细碎的过程，在这个细碎过程中出现"伪娘"等等是一种存在，凡是存在的就是合理的。当然，既然"细碎化"，那么有伪娘，大概也就会有肌肉男，甚至肌肉女或者"女汉子"。另一个问题，再从存在即合理，推向是否正常。是否正常只是从我们目前标准的基础上去看的，未来社会一定是破碎的，不断沸腾，不会停止。彼此之间就会形成一种所谓社群，不会再出现十八九世纪的那种伟人，也不会出现什么标准，是一个破碎化、多样化推进的过程。于是合理与否恐怕就是各抒己见了。

(6) 提问者："文化滞后"是不是指人文文化的相对滞后？

吕：人文文化对科学文化的进入没有准备。

提问者:科学文化进步的动力是什么?它的方向是不是人文文化给予的?

答:动力可从多个角度理解,其中之一就是人文文化还有很多未知的东西。你幸福吗?幸福是什么,能不能测量?基尼系数达到0.5是否仍然安全?我们的需求是无限的,这就产生了一种拉力,拉动科学文化向更高层次发展。其二,人与自然的矛盾、科学文化本身所具有的好奇心,以及通过这种好奇心来了解世界、控制世界,一个是推力,一个是拉力。其三,科学文化进步的动力还在于人与人之间的不均衡。表现在我有一个科技产品而你没有,为了这种外部性、攀比,你也要有,这也促使科学文化的发展。社会中只要有需求的存在,好奇心的存在,矛盾的存在,人与人差别的存在,那么边界推移就是必然的事。

提问者:能否理解人文文化给的拉力是一个模糊的目标,科学发展是一个精确步骤的前进,遥远的目标与当下的精确发展路径存在差异,所以就存在了人文文化和科学文化的不协调不一致,人文文化相对滞后?

吕:人文文化要从两个方向理解,一是终极关怀,科技产品是否符合终极关怀。另外的,当下就事论事,讨论科技产品对我,对人际关系会产生什么影响?人文文化随着科学文化的不断推进,前面有一个解蔽,后面还有一个遮蔽,前面还有一个新的发展空间,给人文文化提出新的挑战。伦理学做的那么多文章,很多都是处理科学文化不断推进产生的问题。当下的目标是清晰的,譬如三峡水库,但是否符合终极关怀?终极关怀如同灯塔在远方指引,但是灯塔又照不到脚下,甚至由于远方的灯塔的原因,脚下的路会变得更黑暗。

提问者:是否在新的科学文化出现的时候人文文化也必须及时跟上,人文文化随着科学文化的发展要不断更新?

吕:当代的人文文化是处在比较被动的地位,特别是我们中国的人文文化,新的问题提出了可能还没有反应。当代中国文学没有和现代科技结合起来,没有考虑在全球化中的中国问题,等等。

(7) 提问者:两种文化的冲突,一种文化是我们能够干什么,另一种文化是我们应该干什么。我觉着应该结合权力理解,两种文化背后没有直接冲突,背后是权力,比如朝鲜和韩国,科学文化和人文文化没有什么区别但发展迥异。另一个,科学创新的基础是否应该从经济学来找?

吕:科学文化发展的动力若是仅仅从经济学中找,那么实质上依然是落在科学文化的圈子里。一个产品,从企业本身来看,当然是钱的问题。但如果我们没有人去买,钱能赚到手吗?为什么去买?如果不惜代价去买,显然就不是经济学问题了。如果按价值判断和轻重缓急考虑，同样超出经济学范畴。所以，科学技术的发展还是来自于上头的拉动，下面的推动，价值观的引导和利益的驱动，再加上人际的博弈，人与自然的博弈这样的种种矛盾，所以它必然发展。

你说两种文化之间是权力问题，科学文化不断向人文文化推进就是非嵌入编码知识施加了权力。但在权力施加作用的时候出现了人文文化对权力的改造，就是前面说的标准化和非标准化。科学文化进入人文文化使人文文化标准化，但反过来人文文化也同样使科学文化非标准化。电脑出厂的时候是标准化的，但我们一使用就非标准化了。所以，上向因果关系和下向因果关系必须综合考虑。

(8) 提问者：您说科学文化对人文文化的欺凌是人生成的过程，有什么合适的路径来提高我们的人文文化吗？

吕：我今天讲的内容就是有关人生成的问题，了解这个观点就会有比较清晰的视野看自己的成长过程，看自己孩子的成长过程。对于人如何成长，首先要对正常的成长道路有一个清晰的理解和判断。

提问者：您是比较赞成西方式的发展吗？

吕：未必。我听一位伦理学老师的讲座，影响了我对道德的看法。原来我认为道德完全是被歪曲的、丑化的。至于伦理我原来持一种怀疑批判的态度，认为伦理完全被官方控制。但听了这位伦理学老师的课后，我发现原生的道德与我们目前所理解的完全不是一回事。所以，如果要学习传统文化一定要与当代流行的、官方的解释做出区分。

(9) 提问者：您说从人文转向科学很难，但钱伟长就是一个从人文转向科学的例子。

吕：还有一个更有名的，德布罗意，学历史的，后来发现了波粒二象性。但这太少了，或者说他们本来就有理工科的底子。

提问者：从科学转向人文，从底层走向高层，应该是一个单向性的发展吧？

吕：毫无疑问，科学文化可以进入人文文化并影响人文文化，但人文文化不能以同样的方式影响科学文化，重点在不以同样的方式。人文进入科学是以不同的方式，是选择、引导、批判等方式。上向因果关系和下向因果关系必须同时存在，没有下向因果关系的上向因果关系就是还原论，没有上向因果关系的下向因果关系就是唯生命论，是无本之木。两种文化以不同的方式互相进入，相互影响。

(10) 提问者：人的需要推动技术的发展，但在当代，由于技术的高速发展，人的需要发生了某种迷失，这是否是需要和技术发展的关系发生了混乱？

吕：这就表明，社会的发展更加需要人文，需要我们更有选择的智慧。进步的社会一定是提供了更多的选择机会，人们都倾向于自我选择，这种自我选择就是人文文化。科学是把规律放在那里,但门往哪里开是个人的选择。选项越多,对人的要求越大,这就是科学的“促逼”。科学提供了更多的选项,这就对人提出了更高的要求,这不是科学的问题,而是人文文化不够。没有控制好自己,更何况控制科学文化。另一方面,我自己的选择与我当前所做的事情是否一致,我是否被迫做出了选择。自我的选择、实际的选择、祖国的选择是应该一致的,不能单看某一方面。和谐社会的选择一定是个人选择与社会、国家选择一致。祖国不会强求个人与国家选择一致。

(11) 提问者:您讲的两种文化的冲突,是否能用来理解中西医冲突?您讲到两种文化最终走向融合,但中西医目前为何没有融合的迹象?

吕:中西医还没到融合的时候。目前药品中毒事件中,60%~70%都是中药提取液。中药是什么?一锅汤。经过提取,各味中药彼此间的配伍就没有了。中药是拿来喝的,要经过肝脏的解毒,但提取液直接打入血液中,人受不了。中药提取注射液是用西医的方法来用中药,那肯定不行。中医是过去的知识,未来的知识,但不是现在的知识。中医的存在正表明科学文化还有大量的空间需要探索。

谢谢大家!

第八讲　诚信缺失的文化根源

（耿飒膺整理）

诚信缺失是当代中国比较突出的问题之一，本次讲座从文化根源角度来探讨这个问题。

一、中国目前的信任现状

中国社科院2013年1月7日发布的《中国社会心态研究报告2012—2013》蓝皮书显示，中国社会总体信任指标进一步下降，低于60分的“及格线”，出现了人际间不信任扩大化、群体间不信任加深等新的特点，并导致社会的内耗和冲突加大。2013年爱德曼信任度关于中国的调查报告显示，中国企业在自家的信任度为79%。我不知道是怎样统计出来的，不过有一点可以肯定，一定不包括奶粉，进而不包括食品。中国的企业在发展中国家信任度为58%，而在发达国家信任度仅为19%。这也太过分了。想想吧，不到1/5的信任度，产品怎么卖得出去？难道发达国家的消费者都贪小便宜？

损失肯定是有的。统计表明，2012年因诚信缺失带来的可见损失达6 000亿元。我们姑且相信这样的统计，那么还有不可见的呢？我以为刻在心田的损失更为严重。

信任圈的概念包括量和质两个方面，量的概念指范围、圈子有多大，质指有多深，信任到什么程度。信任是私下博弈的产物，信任一个人，在于他过去的表现守约而值得信任。双方试探，先是小规模交换，由重复而熟悉对方，然后逐步扩展交往，建立起越来越深的信任。所谓青梅竹马，虽然说的是男女之情，不过也有长期交往所形成的信任在里面吧。在公共博弈中，将自己所信任的人推荐其他可信任的人，这样就逐步形成范围越来越大的熟人网络。以个人为中心，通过亲疏、社会角色（高下贵贱）等，形成具有不同半径、亲疏不一的信任圈。圈越大，彼此的信任度越低。当前中国的诚信状况的严重问题是，信用圈正在缩小，信任度在下降，给社会的正常运行增加了巨大的成本和风险。

我们讨论一下当代中国之所以出现这种状况的文化背景。谈以下三个方面，第一是传统文化，这是讨论的重点；第二是当代中国的社会转型；第三是如何重建诚信。

二、中国的传统文化

1. 什么是“传统文化”

首先要弄清楚什么是传统文化。我们天天讲、月月讲、年年讲传统文化，到底什么是“传统文化”？有一个最简单的定义是这么说的：所谓传统文化，就是工业化之前的文化。大家同意这个传统文化的定义吗？有些国家，譬如我们中国，在相当程度上已经工业化了，尤其是东部地区，不过依然还包含着浓厚的传统文化。这个概念的问题是，它只给出了传统文化的外延：传统文化的边界在哪里。当然，这个所谓的边界本身是模糊的。这个概念没有给出传统文化的内涵。概念必须由外延和内涵两部分组成。

从外延来讲，传统文化是指工业化之前的文化；从内涵来讲，传统文化可以从以下方面来说。先看陈述体系。一个文化的陈述体系，指的是在这个文化看来，世界是什么样的。传统文化的陈述体系主要是传说、神话、圣经等，这样的陈述体系经不起质疑，不能刨根究底，叫做“心诚则灵”。要是问急了，那就是“心不诚”，或者“天机不可泄露”。一句话就把你挡在门外了。现代文化的陈述体系是事实以及事实之间的逻辑关系，因而可以验证，或者证伪，可以推理，或者被驳倒。

传统文化的表达体系是具体、个别和形象的。具体，是娓娓道来，纤毫毕现；个别，是有一说一；形象，是绘声绘色，活灵活现。往往用比喻的方式，譬如看少数民族的文学作品，骏马奔驰，雄鹰翱翔，所以人应该如何如何；汉族的文字作品这种情况不是没有，但是要少多了。在这样的视角下看莫言的作品，看那些“蛙”倒也有点意思。

在价值观上，大多数传统文化都是厚古薄今，而现代文化则受看得见的目标的指引，重在当下。这一点在后面或许还要讲到。

在存在与进化方式上，传统文化普遍具有很强的凝聚力，但是缺乏活力，进化缓慢，甚至是停滞不前。看看那些带有浓厚原教旨主义的文化吧，一方面是“人肉炸弹”，视死如归；另一方面是原地踏步，几乎就是活化石。

最后，传统文化是多种多样的，但是其经济基础差不多都是农业和畜牧业。就这一点所具有的普遍性来说,倒是可以作为判断传统文化的一个标准。

上面只是列了粗浅的几条。传统文化实在是“像雾像雨又像风”,让人“一时说不清”。这里只能挑我认为与诚信缺失有关系的角度说几点:人之初,以及人的三大关系。

2. *“人之初”*

(1) 本善,还是本恶

不同的传统文化千差万别。比如,人之初,究竟是性本善还是性本恶?“性本恶”是有底线设计的,法律必须要设计一个底线,防止你作恶,这个法律体系是清楚的,并且透明,人人都知道,是严谨的,不容质疑,这是一种非嵌入编码知识,可以共享,而且有执行力。不像现在中国的许多法律条文,模糊、有法不依,以及受到权力的各种干预。

这种文化,只要不违背底线,就是向上开放的,又有了西方的信仰和宗教,希望人们能够向善。另外,这种文化还是发散的,向多样性开放。

“性本善”是顶端设计,强调伦理道德,是内心的感悟,中国几千年来讲政治与伦理道德就是一脉相承。其次,“性本善”重实践轻理论,重目的轻出发点,这是一种隐性知识,大家很难交流和共享。

性本善向下兼容,和而不同,是一种归结、收敛到圣贤,以及要求保持一致等。圣贤达到性本善的顶峰。国家领导人和央企高管理论上都是性本善的典范。清朝康熙皇帝的谥号是:合天弘运文武睿哲恭俭宽裕孝敬诚信功德大成仁皇帝!人间所有赞美都给了他,因为他权最大。今日虽然也有个人崇拜,但毕竟没有到这个程度。苏格拉底和孔子有很大差别,苏格拉底怀疑、辩论,对话,是底线之上的发散,孔子则是收敛、确信,时间上遵从,而空间上封闭。

“性本恶”在我们看来是赤裸裸,恶狠狠,却在制度的约束下步步向上。休谟说过:“在设计任何政府体制和该体制中的若干制约、监控机构时,必须把每个成员设想为无赖之徒,并设想他的一切作为都是为了谋取私利,别无其他目标”(无赖假定)。“性本善”虽然甜蜜蜜,情切切,却因失去制度之底,人性滑向深渊。鲁迅说过:“我向来是不惮以最坏的恶意,来推测中国人的……”。“亲兄弟,明算账”也是这个意思。中国的性本善,下无制度保底,上无宗教劝善,合起来简直就是“无法无天”。“人之初,性本善”的原初假设,是今日中国诚信之殇的一个根源。诚信之殇,给了温情脉脉的性本善一记响亮的耳光。为重塑诚信,有必要揭示性本善之片面乃至虚伪,还人性的真实面目,以制度来限定人性之底线。

(2) 性不定，性已定

“性本善”还是“性本恶”本身无所谓优劣，但是会引向两种不同的构建方式，构建起不同的文化体系。一旦确定性本善或者性本恶，就像确立了欧几里得几何的五条公理，由公理出发构建大厦，由本善或本恶出发构建起文化体系。我的观点是，人之初，性不定，可以善，也可以恶。

其实，中国历史上的大哲学家未尝没有想到这一点。王阳明曾经说过四句话：“无善无恶心之体；有善有恶意之动；知善知恶是良知；为善去恶是格物。”这四句话描述了由人之初的懵懂逐步成长的过程。一开始的“无善无恶”，我想，大概就是“人之初，性不定”吧。

至于为何西方“人之初性本恶”，而中国“人之初性本善”，我看过一些解释，依然不明就里。现在只记得其中有一种说法似乎还有两三分说得过去，说西方是在由相对动荡和糟糕的社会上升到相对稳定和过得不错的社会，是在这样的一个过程中提出“性本恶”。昔日的性本恶历历在目，须严加防范。而中国则正好相反，由周朝的稳定、礼仪，到战国的礼崩乐坏。孔子痛心疾首，往日的好时光尚在眼前，本善而沦落至此。因而只要捡起、恢复本性之善就可以了。性本善是这样的历史阶段提出的。

这种说法未必可靠，在逻辑上也不够严密。但是不管怎么说，历史刻在一个民族身上的印记是如此深刻，如同霍桑的《红字》，刻在一个民族及其个体的心间，几乎永不磨灭。人之初，性已定。

一个民族，在其形成之初的初始条件和边界条件，似乎已经成为这个民族代代相传的基因中的一部分。在座的各位，包括我自己在内，生在东部还是西部，城市还是乡村，生在什么样的家庭，我们无从选择。人之初，性已定。后面还要谈到这一点。

对一个民族，对一个个人，持这样的两点：性不定，不要把人看死了。人是有救的。性已定，这一点深深扎根于每个人的独特个性之中。

(3) 人性的基本点

虽说人之初性不定，可以行善作恶；虽说各个民族性已定，走上了甚至南辕北辙的道路，都说这是自己的选择，强势的时候，说自己最好，一旦弱势，就说“多样化”，但是古今中外，人性中却有一些最基本的东西，放之四海而皆准。其一，人是自利的。除了个别宗教上的人物不好去说，概莫能外。其二，人的理性是有限的。这种“有限”，既是由于面对无限、复杂，以及变幻莫测的外部世界，人的认识能力有限；而且在于“自利”会蒙蔽自己的双眼。其三，无论是道德高尚，还是居心叵测，相同的地方是，都尽可能在当时的环境下，以最小的成本和代价达到目标。最后一点，可以认为就是物理学上的"最小作用量定理"在人间的表现。

3. 人的"三大关系"

梁漱溟在百年前说起人的三大关系,人与自然的关系,现在可以也应该扩展到人与物的关系、人与他人的关系,以及人与自身的关系。这三大关系大致就相当于社会中的经济——人与物的关系,政治——人际关系,以及文化——人与自身的关系。

人的三大关系之间还有次序或者层次,这种层次大致与马斯洛需求层次一致。人的生理需求,基本的衣食住行和开门七件事,除了"性"以外,都是人与物的关系。人在社会中希望得到的安全感,再进一步被社会认同,这些就涉及人际关系。人的自我实现就是人与自身的关系了。在实现的过程上也差不多一致,马斯洛需求层次是由下而上,由低到高,先生理后心理;三大关系基本上也是这样。当然,三大关系与需求层次并不是严格的一一对应。细节就不在这里讨论了。

(1) 希腊人主要关注的是人与自然的关系

总体而言,作为西方文化的源头,希腊人主要关注的是人与自然的关系。

希腊的地理条件是多山、少雨、炎热,不利于农业生产,也不利于形成一个统一的大国。古代统一的大国往往在什么情况下形成的呢?大河流域。长江、尼罗河、恒河、印度河,等等,在大河流域容易形成大国,容易形成中央集权。大河流域往往需要灌溉系统,譬如说都江堰,需要协调很大的地区;譬如说太湖流域、淮河流域、长江流域,需要中央出面加以协调。而在希腊容易形成由多个城市如雅典、斯巴达等形成的多个中心,或者说城邦制。当然,大河流域未必中央集权,如西欧,多瑙河流经多少国家,流域的治理也可以实施,甚至可以比在一个国家内的河流治理得还要好。

希腊另一个情况就是靠海,靠海有利于航海。同时,海又不是太辽阔。不远处就有许多岛屿,然后是北非的迦太基、埃及,以及小亚细亚半岛和中东两河流域。重要的是,所面对的不是同一民族。因而便于通商,以及发生文化上的交流。中国的东部地区也靠海,但岛屿和对岸过于遥远,于是,近海的交流主要在自己人之间,彼此的差异不大,再加上陆路相通,所以必要性也不大。

在航海中,希腊人感受到有一个与自己对立的自然的存在,并非友善,而且捉摸不定,变化莫测。大海如此狂暴,它背后的东西是什么?如果我不了解它背后的东西,我怎样航海呢?因为它狂暴,所以迫使人的成长,人成长的成果就是用理性来认识自然背后的规律,追索现象背后不变的规律和本质,有规律才可以被独立的人所认识。这一点构成了西方文化沿袭至今的基调。

以人与自然的关系为主并不是没有人与人之间的关系,譬如说做生意就一定会发生人与人的关系。有趣的是，这种人际关系的基础是物与物的关系，也就是在所有的人际关系中最简单的部分。双方做完买卖，拍拍屁股走人，谁也不欠谁。“人走茶凉”，大概也可以描述古希腊商品经济中的人际关系。

以人与自然的关系为主也不是没有人与自身的关系。希腊人崇尚智慧，知识至上。知识即是美德。古希腊三大悲剧作家之一欧里庇得斯写道：“那些获得了科学知识的人是有福的，他们既不追求平民的烦恼，也不急急忙忙参与不公正的事业，而是沉思那不朽的自然界的永恒的秩序，沉思它是怎样形成，以及在什么时候，为什么形成的……”执政官伯里克利在公元431年前自豪地宣称，我们的城市向世界开放，雅典是世界的学校。

“那些获得了科学知识的人是有福的。”不知在座的有从事科研的各位是否感到“有福”？在希腊人的人与自身的关系中，同样以人与自然的关系作为基础。

从希腊一路走来，虽然经历漫长的中世纪，西方文化发展出科学技术、启蒙运动，以及市场经济。

(2) 中国主要关注的是人际关系

中国人民生活于长江、黄河之滨，从事农耕活动，年年如此。虽然也有自然灾害等不确定因素，但相对于喜怒无常的大海，要稳定友好得多。中国的东部也面对大海，但那是一望无际浩瀚的太平洋，这是一种天堑、障碍。太容易构不成挑战，太难没法挑战。太接近会不分你我，太遥远也就没有了你我。前者也就是天人合一。后者呢？就不必考虑了。中国古代所面对的自然界是亲切友善的，相对稳定。在总体上说，用不着想方设法去认识它和对付它，是一种天地人的“感应”。

既然天人合一，于是摆在第一位的就是如何处理人际关系。中国传统文化中有一个关键字“仁”，说的就是两个人的关系，即人际关系。时至今日，一脉相承的就是“讲政治”。什么是“政治”？毛泽东有过精妙的解释，那就是把支持你的人搞得多多的，反对你的人搞得少少的。政治，不就是人际关系？

① 中国特色的人际关系

在这一点，古代中国与希腊存在两点区别。其一，在希腊，商品经济培育了个人本位，于是人际关系存在于独立的个人之间；在中国是自然经济，家既是生活单位，也是生产单位。在家里显然不能个人本位，家庭是一个整体，个人是整体中的一部分。这个“整体”还可以逐级放大：村、乡亲们，直至国家，这就是家国一体。所以，中国人的人际关系，不是独立的个人之间的关系，而是处于整体中的个人。于是，重要的是个人在整体中的位置，根据各自的位置来确定各色人等的人际关系。这就是长幼有序、君君臣臣、父父子子等。

其二，刚刚说过，古希腊的人际关系相对简单，建立在经济关系的基础上。今天的西方社会依然留有明显的印记。这一点在中国人看来显得如此冷漠。中国人在人际关系上要考虑到方方面面，譬如具有中国特色的"面子"，容易被伤害的"感情"，以及看重由"感动"入手处理人际关系。先动之以情，然后才是晓之以理。合情，方才合理。情投方会意合。

② 以人际关系为核心情况下的人与自然的关系和人与自身的关系

当然，古代中国也不是没有考虑和处理人与自然的关系，否则也就不会有科学技术，特别是古代技术的发展了。不过人与自然的关系始终处于次要的位置，只是"雕虫小技"，甚至贬为奇技淫巧。至于屈原的"天问"，其一是仕途受挫后不得已而为之。看看希腊人的"有福"和屈原之投江吧。其二，希腊人是冷静理性和逻辑的思考，屈原是情感的发泄，愤怒出诗人。

古代中国人与自身的关系当然也是传统文化的重要组成部分。不过这种人与自身的关系基本上是人际关系的推论，也就是由各自在整体中的位置来确定个人的行为规范，如三纲五常和温良恭俭让之类。

(3) 印度主要关注人与自身的关系

至于印度，就是回到自己的内心，专注于人与自身的关系，沉浸于冥想之中。我并不熟悉印度文化，今天也不做文化的比较研究，只是有所涉及吧。

在所谓的四大文明中还有伊斯兰文明，不清楚伊斯兰文明是以三大关系中的哪一项为主，还是全都有了，或者另起炉灶。这里就不谈了。

所谓"人的三大关系"只是为了讨论问题的方便，实际上，人世间的所有问题无不同时牵涉到三大关系，不存在单独的一种关系。只是相对而言，譬如说科学家主要涉及人与自然的博弈，政治家擅长于人际博弈，而神父以探讨人与自身的博弈为己任；科学家也要处理家庭、同事关系，遇到央视记者也要考虑是否幸福，而神父显然也要处理经济事务，少林寺不是还有上市一说吗？所以，上述讨论的只是"为主"而已。

4. 由三大关系到三大博弈

(1) 博弈论

大家都知道博弈论的一些最初步的原理，例如囚徒困境。重复博弈走向守信，一次性博弈易于背叛，背信弃义。博弈需要有明确的规则。所谓"明确"，在这里也就是边界清晰，或者说有限。规则如果"无限"，参与的各方就会各行其是，博弈也就无法进行下去了。经由一段时期的博弈，各方之间建立起彼此间的信任后，慢慢的就可以把生意做大，这就是演进博弈。

可以从博弈论的角度来理解人的三大关系，这样一来，也就是把人的三大关系分别理解为人与自然的博弈、人与人的博弈，以及人与自身的博弈。与他人博弈可以理解，本来是博弈论的题中应有之义；与自然博弈，即把自然作为博弈的对手，研究自然会怎样出牌，自己再出什么牌；与自身博弈，包括从图腾崇拜到所谓战胜自我。刚才说的希腊、中国和印度就分别着重于三大博弈中的一项。

(2) 人与自然博弈

人与自然的博弈就是有限规则、重复博弈，进而演进博弈。

首先与自然界博弈，从三大博弈中最简单者开始，这是西方文化的源泉。

先分析这场博弈中的一方：自然界。

相对于另两项博弈，与自然界的博弈具有以下基本特征：自然界足够久远，可以对博弈的另一方奉陪到底。在同样的语境下，只要是与自然界博弈的人，以相同的方式出同一张牌，注意，这就是严格条件的实验，那么自然界不会变招，也总是出同一张牌。譬如这杯水在一个大气压的情况下100度开了，那么我明天在同一条件下做，结果还是这样。这一点在博弈论中就是"重复博弈"和"有限博弈"。重复博弈，不仅在于时间，而且在于空间。自然界不仅足够久远，而且足够庞大，可以和不同的博弈者博弈，只要这些博弈者出一样的牌，那么自然界就依法炮制，或者说，自然界对所有的博弈者一视同仁。默顿的规范中有一条是"诚实性规范"。诚实性规范的根据就是实验的可重复，而实验之所以可重复，是因为自然界是这样一个特殊的博弈对手。

再看看体育就更清楚了。在社会中处处可见不公平的现象时，体育之所以是相对公平的，是因为在比赛的双方或者各方的背后有一个不参赛的参赛者，即自然界，引力、阻力都在背后参赛。在挑战外部自然的同时，也在挑战自身的自然：力量、耐力、柔韧性、专注程度，以及协调能力等。田径比赛是运动员直接与自然博弈，足球、美职篮、斯诺克……都是这样。

希腊及其所代表的古典文明时期，既诞生了作为科学源头的欧几里得几何与阿基米德力学，同时也成为奥林匹克运动的发祥地，这并不是巧合。现代奥林匹克运动的精神"更快、更强、更高"，正与IT领域的摩尔定律所提倡的"更快、更小、更便宜"理念不谋而合，从而也印证了体育与科技在与自然博弈中的一致性。

再来看看貌似体育的中国古代的武功。武功，也强身练体，也竞技博弈，不过，武功与体育比赛最大的区别是，没自然界什么事，自然界基本上不参与。看看倚天屠龙这些非自然的兵器，看看葵花宝典和九阳九阴之类匪夷所思的秘籍，最为经典的大概是，施展轻功，眼看就要掉下来了，左脚在右脚背上踩一下，又飞上去了。所以，在与自然的博弈中，武功修为每每来自机缘或秘籍，常人根本做不到，而且几乎全都违背自然界的规律，自己一不小心还会走火入魔。因而难以重复，更不能演进。

(3) 人与他人博弈

人与他人的博弈，情况就不一样了。若是第一轮输了，第二轮难道还会是原样吗？多半会变招，"打一枪换个地方"，这就是"一次性博弈"。"无招胜有招"，"兵不厌诈"，这就是"无限博弈"。在"人心叵测"的无奈之下，只能要求"和为贵"，"和而不同"，"求大同存小异"。至于各不相同的"小异"，只能要求"中庸"，不要走极端即可。若是对方又换了一个人，同样的博弈内容，结果可能面目全非。

当然，这只是把人际博弈与另外两项博弈隔离开来，单独拎出来看。同样是人际博弈，若是与文化中的其他方面结合起来看，在中西方之间还是有着相当大的差别。就拿貌似体育的武功来看，华山论剑，看似有规则，多半还有少林高僧在现场充当裁判之职，但是违规还是经常发生。作为正面人物的风清扬这样点拨令狐冲，必要时对名门正派照样可以不守规则。令狐冲恍然大悟，如梦初醒。类似的西欧中世纪的骑士，还有近代欧洲常见的决斗，规则决不可少，遵守规则的荣誉比生命更重要。大体上可以这样来看，西方的人际博弈处于人的三大博弈之中，以人与自然的博弈为基础，受人与自身博弈的制约和引导，就像"三明治"，中国的人际博弈没有上、下两层，正好对应于前面说到的"无法无天"。

在人际博弈上，中西方还有其他区别。在自然界面前，人人平等，也就是"平权"，这是人际博弈的基础。中国先就分为三六九等，每个人要恪守自己的"道"，不可以博弈，只能等待"多年的媳妇熬成婆"。这里就不细述了。

(4) 人与自身博弈

至于与自身博弈，是三大博弈中最难的。其一，难的是"认识你自己"。这是刻在德尔斐的阿波罗神庙的三句箴言之一，历来被认为是世上最难之事。"离每个人最远的，就是他自己"(尼采)。其二，江山易改本性难移。其三，心无二用，难以区分博弈的双方。只是在金庸的小说中看到双手互搏的周伯通。自古以来，能够与自己博弈，以及战而胜之的大概只有神话、传说和小说中的人物吧。其实我现在都不十分明白：什么叫做"战胜自我"？看看那些落马官员的忏悔吧：世界观没有改造好！他改造得好吗？

印度文化主要在于人与自身的博弈。其效果怎样，看看现在的印度就知道了。

5. 对博弈方的塑造

正是这三大博弈，在相当程度上塑造了希腊、中国和印度相当不同的文化，塑造了其中不同的个人性格，“锁定”了一个文化的走向。

(1) 形成什么样的知识

人与自然的博弈形成的是非嵌入编码知识。所谓非嵌入编码知识就是知识与特定的对象、主体，以及博弈时特定的语境无关。欧几里得几何在全世界通用，牛顿定律适用于古今中外，概莫能外。这样的知识可以在所有人之间传播和共享。前面四到七讲已经有过较为详细的论述，这里就不展开了。西方文化以非嵌入编码知识为主。

人与人的博弈会形成嵌入编码知识，例如一个宿舍、一间办公室里都会形成自己独有的词汇和语言。在不同的圈子说不一样的话。显然，这样的嵌入编码知识不能在广泛的人群中传播和共享。人际关系熟到一定程度，那就是心领神会，大家心知肚明。还有所谓言者无意听者有心，心有灵犀一点通。这里说的就是意会知识。意会知识就更难传播和共享了，譬如说要“领会精神”。中国社会大量存在和起作用的是嵌入编码知识，还有意会知识。

人与自身的博弈所形成的知识就更说不清楚了，完全是说不清道不明的意会知识。印度的传统文化主要是意会知识，讲究顿悟，又怎么传播，怎么共享?

希腊是西方文化的源头，处理人与自然关系为主，发展科学技术，形成市场经济，主要是非嵌入编码知识。中国人讲政治，这是一种嵌入编码知识和意会知识相加。印度是回到人的内心，追求一种信仰，而这种隐性知识更加不确定。西方在法律和契约的基础之上，考虑情感，中国以情感为主，印度靠内心的感悟。

(2) 陌生人，还是熟人

自然界在与人的博弈中，只要对方按同样的规则出同一张牌，那么自然界就一视同仁。正是自然界的这一“品行”，才有默顿的“普遍性”规范，不分国籍、家庭、性别、财富和宗教信仰。从人与自然博弈开始的西方文化，包括把做生意作为基础的人际博弈，总体而言就是对谁都一样。用学术的语言说，就是客观地看待他人和自己，一视同仁，都是陌生人。刚才讲的非嵌入编码知识就对应于陌生人。当自然界以同一种状态面对芸芸众生之时，芸芸众生彼此之间也就只能是同一种状态，平权，继而由与自然博弈中的平权，延伸到人际博弈中的平权，各方在平权也就是同一规则下重复博弈。医生以同一种方式面对所有病人，教师以同一种方式面对所有学生，等等。

如果没有这种人与自然的博弈作为基础，没有商品经济作为基础，人际关系就会区分出熟人和陌生人，对熟人笑脸相迎，热情周到，对陌生人可能就换一副面孔，甚至冷若冰霜了。

(3)“三种路向”

梁漱溟“文化三路向”说,西方文化以意欲向前为其根本精神,中国文化以意欲自为、调和、持中为其根本精神,印度文化以意欲反身向后为其根本精神。三种态度,分别是西方向前面下手,中国要求随遇而安,知足常乐,印度回到内心,取消问题和要求。

① 意欲向前的西方文化

西方文化“向前”的“意欲”,源于与自然博弈的由简到繁,由低到高,步步为营。首先,在三大博弈中最简单的无疑是与自然界的博弈,之所以“简单”,是因为“重复博弈”和“有限规则”。

即使同样与自然界博弈,也有难易之分。西方人找的是最容易的对手:丈量土地和杠杆,也就是对手的“招数”几乎最少,可重复性最高,只要寥寥数招,便可洞悉对手的伎俩。相比较而言,如果面对的对手是动植物,其招数虽逊于人,也复杂到难以胜数。除了通常所知的李约瑟悖论外,李约瑟还有这样一个假设:如果科学起源于中国的话,那么一开始就不是力学,可能是电磁学。从博弈论的角度看,这种可能性几乎等同于零。从“量纲”的角度也可以理解这一点。几何学没有量纲,或者相等、全等,或者大于、小于,或者为1/2、1/3;运动学有了时间和距离,力学再加上质量等;电学还有电流强度……

这样的过程就是“演进博弈”。之所以“演进”还有一个因素,那就是非嵌入编码知识。科学在与自然的博弈中得到的是非嵌入编码知识。非嵌入编码知识可以交流和共享。有了这样的传播和积累,还有前面讲过的“科技黑箱”,西方文化就如虎添翼,对外由简到繁,一路高歌猛进,从而信心满满,征服自然,征服世界;对内怀疑和创新,求异反思,不断自我更新。不过,一路向前的西方文化正在遇到难以逾越的障碍。

② 调和持中的中国文化

中国文化的“调和持中”出于人际博弈中利益纠葛和难分高下,只能要求各方随遇而安。求同,为了共同的目标,为此需要稳定和收敛,以及无限的包容。把形形色色甚至各怀鬼胎没有底线的“异”都放在一起,可以“走到一起”来吗?我曾经在广西柳州的一家大排档的墙上看到这样的标语:我们都是来自五湖四海,为了一个共同的吃喝目标走到一起来了。

在中国的人际博弈中形成的嵌入编码知识和意会知识难以积累共享。看看那些“个案处理”或者“下不为例”吧,你学得会吗,轮得到你吗?注意到没?大大小小的文件有三个字是一样的:原则上。最后还有一句:解释权在哪里。有了这两句话,文件大概也就是一纸空文了。到哪里,办什么事,关键是混成熟人,非嵌入编码知识就管不上了,起作用的是小圈子里的嵌入编码知识。知识难以交流共享,社会就无法一步一个脚印,取得实实在在的进步。

③ 反身向后的印度文化

印度文化在人与自身的博弈中,以"意欲反身向后要求"为根本精神,以求得内心的宁静和满足。央视记者到处追着人问"你幸福吗?"到底什么是"幸福"? 我想大概就是两条:就自己而言,得到的超过欲望就是幸福。如果欲望小,得到一点就幸福了,这主要是从纵向上来看;还有就是横向比较,这一点与中国的"不患贫,患不均"是一致的。在漫长的岁月里,可以说,印度文化停滞不前。

④ 时间图景

可以由时间图景来进一步说明这"三种路向"。什么是"时间图景"? 时间图景,就是一种文化,如何看待过去、现在和未来。传统文化大致有三种类型,厚古薄今,轮回和千福年。

大多数传统文化是厚古薄今,例如孔子曰,例如《圣经》是怎么说的。张艺谋的《大红灯笼高高挂》里有一句著名的台词,叫做"祖宗的规矩",所以现在必须如何如何。霍桑的《红字》世世代代刻在人的心上。不过,人究竟什么时候犯下的原罪,祖宗又是什么时候定下的规矩,都无从考证,以及不可追溯,进而不可追问。

厚古薄今的另一头是"千福年",或者"末日的审判",为了这一天的到来必须放弃现在。同样,这一天究竟什么时候到来是不知道的。过去和未来这两头都位于可以经历的时间之轴之外,不可经验。

印度文化提供了第三种时间图景:轮回。你现在受苦受难,是因为你上一辈子作孽了,现在接着受苦受难,那么来世就可以过上好日子。

这三种时间图景的共同点看出来了吗? 今生今世是完了。不是被遥不可及的过去所限定,就是被虚无缥缈的未来所忽悠,或者在无休止的轮回中正好被轮空!

什么是科学的时间图景? 历史必然通过现在影响到对目标的制定,我们不能切断历史,正如不能拉着自己的头发离开地球;目标是清晰可见的,不是虚无缥缈的。历史和目标都位于可以经验的时间之轴之上。一旦确定,按照目标的引导,对过去进行改造。记得在第一讲中说到循环和耗散结构理论的"分岔图",这也是时间图景的重要方面,这里就不再旧话重提了。

⑤ 从地心说到日心说

从地心说到日心说,为什么受到西方文化的强烈反抗?

地心说的文化涵义是，人在中心，中心可不是什么好事。上帝领着众神在天界和各大星球上，监督人的一举一动，人要通过重重磨练才能升入天国。类似的还有要经过九九八十一难。一不小心还会坠入地狱。日心说一来，人不在中心了，上帝在哪儿呢，在太阳上吗，这岂不是人去监督上帝了？再说，地狱又到哪儿去了呢？

更为沉重的打击是进化论。人不是上帝创造的，那么还有没有原罪，还要不要赎罪，要不要教会和神父？科学就这样一步步颠覆了西方传统文化的地基。

有趣的是，日心说传到中国，波澜不惊。19 世纪末，严复翻译《天演论》，国人高举双手欢迎进化论。

为什么同样的科学进入不同的文化，会引起这样不同的变化？

首先西方文化本来就是人与自然的关系，所以自然科学的变化就构成对其文化的直接冲突，而中国文化是人与人的关系，和自然科学的变化是没有直接的正面冲突的。另外，西方文化重逻辑，比较严密，是非嵌入编码知识，牵一发而动全身。在人与自然的演进博弈中，整个文化"意欲向前"。中国的文化是柔性的，过大的包容。譬如中国两校之一的一位副校长这样说：很多人都对中国的经济体制不满，但是这些缺陷、这些不足恰恰证明我们改革还有空间，这又说明中国还能够通过改革来促进生产力。还可以进一步说明，发达国家没有了空间，没法促进生产力。就这样，坏事一步步变成好事，而好事倒成了坏事！这就是中国文化之"柔"。其结果是，时至今日，文化的深层依然故我，依然持中、中庸，左右逢源。

(4) 规则意识

规则，是博弈得以发生的必要条件，更是重复博弈的前提。规则超越博弈的各方。通常说的"程序公正"是规则的重要组成部分。规则普遍适用，不能看人下菜碟，规则需长期有效，不能下不为例。这样参加博弈的各方才可以从他人和自己以往的博弈中汲取经验教训，继续参加博弈，还有演进博弈。

在人与自然的博弈中，自然一身而二任，既作为博弈的一方，又是规则的制定者。不论博弈的另一方愿意与否，在确定的情况下，自然界总是按"既定"方式出牌。正是在与自然之间普遍和重复的博弈中，经历了成功与失败的反复磨练，尤其是在演进博弈中获得了确定的进步，使得西方人逐步接受和培育了规则意识，并在一定程度上将这一意识推广到人际的博弈中。

中国则基本上没有这样超越、普遍和长期有效的规则，中国希望通过伦理的约束，收敛到什么共同目的。没有规则，个案处理，加上下不为例，那就只能是一次性博弈，导致背叛和堕落。在没有规则的文化中，人们充满了投机，比如股市的换手率，发达国家平均一年一次，韩国一年两次，中国一年九次。社会中充满“短、平、快”的习气。

刚性的规则，是社会柔性运行的润滑剂。在没有，或有规则而实际上不讲规则的社会里，看似没有刚性规则而可以随意而行，实际上处处是会伤筋动骨的棱角，时时遇到会置于死地的陷阱。

(5) 理性

都说西方文明的根本特点之一就是理性，中国则是非理性，然而，西方人的理性究竟来自何处？由上面两点可以推出希腊的理性。其一，人对于自然的独立。今天大家批判天人分离，实际上在历史上天人分离是人类发展的必要前提。天人分离，通常的理解是有一个独立于人的自然界，实际上这句话的更重要的另一面是，有一个独立于自然界的人，这就意味着人从自然界分离出来，形成所谓“对象性关系”，这是理性的源泉。如果天人合一，你我不分，又谈什么理性？其二，个人本位。这一点是在商品经济中形成的。不仅要有个人对自然界的独立，而且要有个人对于他人的独立。个人跟个人之间要交往、通商。纯粹的个人主义行不通，必须互相之间达到一致，由个体理性上升到社会理性。理性并不是一个民族天生的东西，是在后天特定的生活样式中形成的。希腊的理性被称之为精神的发现。

可以区分出三种理性，科学理性、技术理性和价值理性。所谓科学理性，西方人在与自然的博弈中发现，在现象的背后一定有本质，在变化的背后一定有不变的东西，在纷繁杂乱的世界背后一定有一个普遍的统一的东西，所以在西方文化中，现象与本质两分。本质是普遍与必然，底线，启蒙运动理念，普世价值。田海平教授把这样的思维方式称之为“有底之思”。这么说的话，显然中国人就是“无底之思”了。中国人一来由于天人合一，二来不存在商品经济那种个人本位的人和人之间的博弈，不区分什么是现象，什么是本质。这倒与后现代有相同之处。

所谓技术理性实际上是在市场经济的规则下发生的重复博弈所形成的理性。功能价格比和投入产出比，以及这两个比之间的比，才有了技术的不断向前推进。人与自然博弈，人与人博弈，包括生产方之间的博弈，生产方与消费者的博弈。技术理性的要义是，以最小的成本或代价获得最大的收益，这一点可以认为是自然界的普遍原理，“最小作用量”在人类社会的延伸。如果说，科学理性是认识理性，技术理性就是实践理性。

科学理性也好，技术理性也好，都有一个“为什么”的问题，这就是价值判断或价值理性，引导科学理性和技术理性，并为之提供动机。

这么看来，都说中国人非理性，恐怕就不能这么简单地看了。李世民非理性？煮酒论英雄中的刘备非理性？乾隆非理性？或者说陈良宇非理性？其实，中国人，包括你我，在自己的行动中都充满理性，都根据自身条件和外部环境，以最小的成本获得最大的收益。这就是技术理性。问题是，这样的技术理性是否建立在科学理性的基础上，以及是否得到价值理性的引导。

6. 头顶的星空和心中的道德律

康德的名言："世界上有两件东西能够深深地震憾人们的心灵，一件是我们心中崇高的道德准则，另一件是我们头顶上灿烂的星空。"这"震憾人们的心灵"的"两件东西"是怎样联系起来的呢？会有很多途径，我以为其中基础的一条就是人与自然的博弈。正是人与自然的博弈产生了可以共享的非嵌入编码知识，培育了作为现代性的基础之一的陌生人意识、意欲向前的精神、规则意识，以及理性。当然，这些并不等于心中的道德律，但实在是心中道德律的基础。

三、社会转型

1. 传统文化为何造就礼仪之邦

上面谈了在中国的传统文化的基因中就埋下了今日诚信缺失的根源，这些基因在今日特定的土壤和环境中"表达"出来了，这就是社会转型。

要讨论社会转型叠加在传统文化上的影响，首先要回答一个问题：既然中国的传统文化有那么多缺陷，为什么在漫长的封建社会没什么问题，而且是礼仪之邦？

(1) 自然经济

最基本的原因是以农业生产为基础的自然经济。自然经济，各家自给自足，彼此间没有交换或很少交换，至多到集市或庙会上以物易物，较少博弈。确切地说，没有因为物而展开的博弈，不为五斗米折腰。中国皇权为什么出台重农抑商，重本抑末的政令？主要是要维持封建统治的基础自然经济。所谓民农则重，重则少私义，少私义则公法立，力专一。民舍本而事末，则好智，好智则多诈，多诈则巧法令，以是为非，以非为是。

(2) 精神领域的博弈

当然不是没有博弈，这种博弈主要发生在精神层面，琴棋书画，温良恭俭让，自然就举止高雅，礼仪之邦了。再说，作为中国传统文化核心的儒家文化对各色人等的行为规范都有详细规定，不得越雷池一步。这里的"雷池"真的有空间上的圈子，那就是

"乡亲们"。农业生产，个人如同庄稼扎根于土地一样，活动范围大概就限于村、乡，或者再稍大。要是行为不端，众人指着脊梁骨，还想不想混了？中国古代的伦理道德限于熟人之间，相当于材料科学中的"短程力"，这里又可以看到嵌入编码知识的权力。再说，熟人，抬头不见低头见，不就是重复博弈吗？

精神领域中的博弈集中于官本位造就的阶梯上，那就是科举考试，学而优则仕，书中自有黄金屋，书中自有颜如玉。最终取悦于皇帝。作为古代中国人际博弈主战场的科举考试有严格的规则。我们的祖先沿着这样的道路重复博弈了数千年！重复，维系了诚信；重复，却没有演进。这就是所谓"超稳定结构"。

科举要是不中，或者不想走科举的路，那么还有终南捷径，曲径通幽。看看隆中的诸葛亮，钓鱼的姜太公，还有"千里江陵一日还"的李白。实在不想在官场上混，那么还可以淡泊名利，走隐居之路，到头来也就是退出博弈，不跟你玩了。看看陶渊明，照样流芳百世。

2. "流氓"：礼仪之邦的另一面

(1) 什么是"流氓"

首先要说明，这里的流氓并不是贬义词，而是用来说明一类人或者一种意识形态，指舞台外通常看不见的处于黑暗中的部分，但是正如暗物质那样，看不见不是不存在。不少人持这样的观点：在官方所强调的正统的儒家文化的对面，在民间滋生着野性的流氓文化。当然，这两种文化并非界限分明。只不过是某些人在某些时期以其中之一为主。譬如说，在一般情况下，文人墨客以儒家文化为主，心底里也潜伏着流氓，而市井小人则流氓习气多些，也不是无药可救。

这里还要说明，古往今来，世界各国都有流氓。不过在启蒙运动确立了普世价值之后，现代国家基本上断绝了流氓/流氓意识直接进入国家/国家意识之路。每个人都需要以普世价值为前提和底线来提升和规范自身，接受宗教的指引，否则将受到法律的制裁和内心的谴责。最终进入国家/国家意识的不再是"原生态"的流氓/流氓意识，而是既带有如同力比多那样的原始的动力，又经由宗教和现代性的熏陶和规约。

(2) 中国特色的"流氓"

朱大可对于中国特色的"流氓"有过深入的研究。在国家之下，中国古代社会从来就不缺各色"流氓"。从《水浒传》中的群氓到造反的孙悟空，一直以来都在传统文化中占有特殊重要的一席。国家和流氓这一对偶制，俨然成为历史循环其间的结构性巨型框架：中国王朝的历史正是在国家主义和流氓主义、国家社会和流氓社会、极权状态和江湖状态之间振荡与摆动——这种耗散性的摆动获得一个动态稳定的型构。国家主义和流氓主义的互动就此平分了中国历史，并维系了中国王朝的漫长生命。超稳定结构不仅是在社会结构，在于经济、政治和文化诸要素之间的功能耦合，而且在于国家和流氓之间的此起彼伏。在改朝换代之际，流氓向国家输送来自底层的野性，让千年古国恢复些许动力和活力，在朝廷盛世之日，正统收编、规范、整合流氓意识，使之纳入国家意识形态之中。所谓"皇帝轮流做明年到我家"、"成则为王败则为寇"，以及"虎落平阳被犬欺"等等，就是国家/流氓对偶的生动写照。流氓既消解风清扬一脸瞧不起的三纲五常之类，给社会提供原始的动力；又破坏正当的规则，瓦解社会的正常运行。

"流氓"为什么在中国具有这么大的生命力？其一，因为人之初性本善，以及求同存异和"为了一个共同的目标"，同时又没有底线，没有规则，于是那些"异"都被留了下来，流氓和流氓意识获得了比较宽松的存在与发展空间。其二，所劝的那些"善"，一来缺乏认识上普遍和必然的依据，二来违背人的本性而显得虚伪，于是就反其道而行之。儒家越是正统，流氓就越是强盛。最后，虽然有科举考试，但社会依然僵化，缺乏层际流动的机制和途径。流氓成为中华文明之所以在循环中周而复始延续至今不可或缺的一环；反之，正是周而复始的超稳定结构，为流氓和流氓意识的长期存在并得以上升到半官方乃至官方地位提供了载体。

这种在两极之间周而复始的结构，使流氓意识得以在中国这块热土上得到了淋漓尽致的发挥：在对立面强大之时阿谀奉承低三下四，或充当狗腿帮凶；一旦主人失势便落井下石；要是有朝一日自己做大，便道貌岸然，以正统自居。

在"文革"和中国改革开放之后，流氓意识都曾发挥了作用，它消解崇高、虚伪、权力和规则。在处于社会底层时，流氓意识具有否定性，凡是跟主流的意识形态一致的，全部反对。"文革"期间的造反精神中，就有被自上而下调动起来的流氓和流氓意识。再者，官方所宣传的道德则被提到虚无缥缈的空中，走向虚伪；所宣扬的大义灭亲，摧毁了人世间最后的信任。

无论承认与否，悠久的中华文明的 DNA 中，镌刻有历代祖先中的流氓基因。中国人或多或少，在这一面或那一面，都含有这样的基因，会在各种环境中顽强地生存，并在时机适合的时候以种种方式表现自己。

3. 中国社会转型

说起来，中国是从 1840 年开始由传统社会向现代社会转型，到辛亥革命已经看到一线曙光。后来的进程或转向，或停滞，或夭折，又一次启动已是 1978 年。下一次课要具体谈这一点。

改革开放是中国发展的必然趋势。需要认识到当代中国的社会转型对传统文化的深刻影响，认识到传统“礼仪之邦”的语境已经在根本上被颠覆而不复存在。

(1) 返老还童

前面说到人的三大关系。人的三大关系大致就对应于“她的一生”。每个人出生时混混噩噩，三大关系不分，经过各种学习走上社会后先要解决人与物的关系，譬如年轻人赚钱买房买车，至少要让丈母娘看得上吧。接下来就谈情说爱，处理家庭、同事和上下级等人际关系。到老了，回过头来看自己的一辈子，写回忆录，或者叫做“认识我自己”。当然，巴神在临门一脚前也可以有这样的思考。

西方人先处理人与自然的关系，人与物的关系，发展科技，发展经济，在两次工业革命的物质基础上；到十八九世纪构建社会，发展人际关系；到 20 世纪下半叶开始“思考人生”，反思他们的发展道路，这就是所谓“后现代”。按马克思的说法是，世上有三种儿童，正常的儿童、粗野的儿童和早熟的儿童，希腊人是正常的儿童。我不知道谁是“粗野的儿童”，不过“早熟的儿童”，中国肯定算得上，当然印度是生出来就老了。

中国人生出来就很老练。幼儿园四五岁的小孩，晓得逢年过节给老师送个巧克力还是挂历一类，好弄个班长、“三好生”当当，典型应该是那位“五道杠”吧。小小少年，这般老练，一脸官腔。不知是可笑还是可怕。

长期以来，中国一直是以处理人际关系为主，无论是传统社会的“仁”与“和为贵”，还是计划经济年代的“七亿人民，不斗行吗”，乃至现在的“讲政治”。改革开放以经济建设为中心，这就意味着在三大关系上由人际关系下沉到人与物的关系。这就是返老还童。看看 80 年代吧，这才是“激情燃烧的岁月”！

遗憾的是，激情并不持久；燃烧，冒出了不正常的黄烟、黑烟。

作为“正常的儿童”，西方是人与自然的关系之后，在处理人与物的关系的基础之上，处理人与人的关系；一来有物质基础，二来在人与物关系的基础上建立了规则和行为规范，培育了科学理性和技术理性。如果说西方是“物理学之后”(metaphysics)，中国就是“伦理学之前”。西方是由下而上，把处理人与自然关系的规则、方式、途径等带到人际关系上；中国是由上而下，把人际关系的一套用到人与物的关系上。所谓中国人办事先要“办人”，其原因就在这里。看看各位进京“跑点”、“跑课题”吧。要搞学术，先要精通权术。民企不跟官眉来眼去，做得下去吗？

(2) 市场经济

更深刻的影响是市场经济。市场经济就意味着竞争，意味着博弈，而且这是从未有过的博弈，以人与物的关系为基础的人际博弈。从精神到物质，从琴棋书画到衣食住行,从人际关系到人与自然的关系,从封建社会取悦于皇帝一个人,到现在取悦于形形色色的权力,从无规靠内心约束到有规靠外在制约。可是,外部有规则,有制约吗?再说,中国的社会变迁太快,今年定的规则,说不定明年就变掉了。规则如果不稳定,那就是整个社会都是"下不为例"了。

补充一点,这里不讨论短命的民国时期。

(3) 陌生人社会

改革开放后,整个社会流动起来。到处都是川流不息的人群,大城市的流动户口超过固定人口。中国,在一夜之间由熟人社会变成陌生人社会。谁认识谁啊?看看几米的《向左走向右走》吧。于是,"短程"的传统伦理道德不起作用,"长程"的法治和规则又没有建立起来。中国处于某种空白之中。一次性博弈导致的诚信缺失逐步泛滥。

没有规则的陌生人社会,为"流氓"和"流氓"意识的滋生提供了绝佳的土壤,当然还有更多非典型疑似"流氓"。1978年以后,中国的"流氓"典型,是王朔的"我是流氓,我怕谁"。前面说过,"流氓"和"流氓"意识一方面消解虚伪和乌托邦,另一方面也消解崇高和规则。

(4) 政府干预

政府作为制定规则的第三方,既当裁判,又当运动员,往往直接参与博弈。不公平的竞争使得博弈者选择向官方靠拢,这样就破坏了整个游戏规则。政府或者不作为,规则形同虚设,守规则反而一再被淘汰出局,而善于"变通"者往往获利,也就是所谓"劣币驱逐良币"。还有就是,政府频频出招,朝令夕改,让下场博弈的各方无所适从,而政府自己也在一纸纸成为空文的规则中丧失了自己的信誉。规则得不到执行,只能寄希望于伦理道德规范,接受"和而不同"。由于没有对博弈方策略的严格限定,各方随心所欲的"无招"实际上难以朝向"一个共同的目标"。

1992年在转向市场经济之际,并未考虑市场经济的出发点,即个人本位,也没有严格遵循市场经济的规律。没有底线和充分的制度法律保障,人治现象随处可见,下不为例再二再三。以熟人突破规则,以权钱破坏规则。毫不为己,专门利人;无限的道德要求,让诚信者难以适从,口是心非,最后连基本的道德也沦丧了。

四、重建诚信

我们的国歌里有这样一句歌词:中华民族到了最危险的时刻。什么是"最危险的时刻”？是经济危机？官员腐败？还是自然灾害？不是“多难兴邦”吗？甚至于是外族入侵？到时候中华民族反而会凝聚起来。整个社会的诚信缺失，才是中华民族到了最危险的时候。重建诚信，是中国的当务之急。

1. 大力弘扬科学精神

前面说过，人在与自然的博弈中培育诚信和民主意识等，这些正是科学精神的核心。近代以来，中国也开始重视科学。不过遗憾的是，从船坚炮利到今天的GDP崇拜，重视的是科学的结果，也就是中体西用里的“用”，没有汲取对于中国来说最缺乏因而也最重要的科学精神。国家也把科学家放到显赫的位置，“春天”啦，颁奖啦，荣誉啦；不过着力强调的或者依然是他们的成果，或者他们如何爱国，如何白手起家，如何忍着病痛和家庭的不幸而拼搏，等等，而没有突出科学活动本身的特殊性：在重复博弈和演进博弈中的方法和形成的精神。科学家特有的品格是一种“原善”，应该成为众人之善的共性，成为为人之善的基础，并以此来改造国人之“体”。

2. 提供培育诚信的环境

提供培育诚信的环境，那就是完善的市场经济，其中至关重要的是政府角色的转换，从直接介入到超越和管理。这一转换的要义在于确立公平一致的规则，最大限度取消垄断。市场经济必须建立在重复博弈和有限策略的基础之上。

政府自己要诚信，树立道德风向标。不是说“顶层设计”吗？那就先从顶层做起，还市场经济的本来面目，这才是改革的最大红利。

3. 改造传统文化，古为今用

由顶到底，从最高纲领下沉，不要再拿那些常人做不到的典型事迹来苛求大众。“感动”缺乏理性的基础，难以持久；“感动”是个人的意会知识，难以交流。传统文化存在的语境，今天已是天差地别。看看孔子像搬来搬去，实在是替那些决策者脸红。

不过，中国的传统文化博大精深，里面还有无穷的宝藏等待挖掘，譬如恻隐之心、将心比心、己所不欲勿施于人，等等。《易经》，还有老子的《道德经》都深不可测。《道德经》强调，先要有“道”，然后才会有“德”。现在的中国，在一定程度上是“道”不顺，又怎么能要求和建构“德”呢？在走向后现代的今天，这些传统，甚至前传统的东西有可能迸发出勃勃生机。看看福建的土楼吧，千年前的建筑，在今天被用到北欧一所大学的建筑，认为这样的空间有利于人的交流。

西方人以二维角度看世界，以看自然的角度看人。真的叫做“在门缝里看人”——把人看扁了。科幻小说《三体》，对于二维、三维和四维的描写很形象。西方文化简单、独断、非此即彼，大概就是“二维”，中国“三维”，印度就是“四维”了。看看

《舌尖上的中国》吧，说句笑话，西方人有这样刁钻挑剔的“舌尖”吗？我们的舌尖，应该有 n 维。我太太就说我没有舌尖。

二维的西方文化在一路向前的“演进”中，已经带来了一系列弊病，遇到难以克服的障碍，这样的“向前”，已经走到了头。而且，西方国家对内讲规则，对外是利益至上。重复博弈和有限策略主要用于其内部，当西方文化面对其他与之不同类的文化时，往往从利益而不是原则出发，显示出多重价值标准。

各家都在改造自己的传统文化，取长补短。或许会走上彼此的融合。

4. 国家兴亡匹夫有责。从我做起，从现在做起

以经济建设为基础，文化建设为中心，深化改革开放为先导。重建诚信，从我做起。这就是我今天讲座的结论。

谢谢大家！

第九讲　改革开放的三个阶段和正在开始的第四阶段

（沈继瑞整理）

本次讲座分三大部分，先是总论，然后分别论述改革开放的三个阶段，最后再对正在开始的第四个阶段进行展望。

一、总论

1. 两种转型

(1) 社会转型和社会结构转型

中国目前处在转型中，先要区别两种转型，一是社会转型，一是社会结构转型。前者指经济、政治、文化发生全方位的根本性变化，特别是经济基础从农业到工业再到后工业，以及上层建筑随之发生的变化，从传统到现代，从现代到后现代。社会结构转型指在经济基础基本不变的情况下，调整经济、社会、文化三者的关系，例如英国的光荣革命、美国的南北战争、苏联解体、辛亥革命等。社会转型与社会结构转型最大的区别是后者的经济基础没有发生根本变化。中国当代的改革开放就是社会结构转型，从计划经济的以阶级斗争为纲转向以经济建设为中心，调整经济、政治、文化三者的关系。

(2) 两种转型的关系

这两种转型的关系很清楚。社会转型必须同时发生社会结构转型，没有结构转型，社会转型是不可能发生的。英国先有光荣革命才会有科学革命、工业革命；先有法国大革命才会有法国的大发展，先有明治维新后有日本的强盛。社会结构转型为社会转型铺平道路、输送动力、解放生产力。

在历史上，有些国家一次社会结构转型后，社会转型基本上就一帆风顺，譬如说英国，当然不是没有波折。一般说来，大多数国家发生社会转型都需要经历多次社会结构转型。即使当代最强大的美国，在其崛起的过程中也不是一蹴而就，需要多次结构转型，第一次是独立战争，美国人民站起来了，但还存在深层的矛盾，第二次是南北战争，之后较少周折。日本明治维新是一次，发动二战和被占领是又一次；现在也很难说日本的社会结构转型已经成功了。有些国家需要发生多次，如前苏联，经历了资产阶级革命、1917 年革命，以及 1991 年解体。期间赫鲁晓夫改革不知能否算一次。

中国从 1840 年开始走上艰难曲折的社会转型之路，在此之前是所谓周而复始的"超稳定结构"，朱大可所说的"流氓"和"流氓意识"也起到了特别的作用。鸦片战争打破了这种超稳定，迫使中国走向转型之路，至今已有 170 多年。汤因比说，一个国家从传统到现代完成根本的社会转型大概要 160～240 年。在 170 多年里中国已经发生了多次社会结构转型：第一次，辛亥革命，初步推翻了封建时代，这里只能说初步，因为后来不断有封建的因素回潮；第二次，新中国建立，中国人民站起来了，遗憾的是在此之后在一定程度上走错了路；第三次，改革开放，这是中国现代史上又一次结构转型。我们希望这次结构转型能够为中国的社会转型铺平道路。

改革开放和前两次社会结构转型的相同点都是调整经济、政治、文化关系，不同点是前两次都是推翻，突变，推翻了清王朝、推翻了蒋家王朝；而这一次是渐进，但这丝毫不影响其历史意义。

2. 中国在社会转型中的定位

(1) 人类社会发展的三个阶段

人类社会发展的分期五花八门，我倾向于分为三个阶段：传统社会、现代社会，以及后现代社会。社会又区分为经济基础、体制和文化三个方面。这样，可以从三个阶段和三个方面展开比较分析。

传统社会的经济基础是农业和畜牧业。在支撑人类社会的三大支柱的材料、能源和信息中，在材料上有所进展，譬如石器时代、青铜时代、铁器时代。农业和畜牧业的特点是直接建立在自然的基础上，所谓靠山吃山靠水吃水。传统社会的政治，从生产关系来考察，中国的生产单位是家庭和村庄，这就是马克思所说的"亚细亚生产方式"，同一时期西方是庄园。在交换领域，中国主要是自然经济；西方古典时期是商品经济，中世纪也是自然经济，不过不是以家庭，而是以庄园为基础。中西方的分野又进了一步。在人际关系上，传统社会大多以血缘、地缘为主，例外是希腊罗马时期的个人本位和罗马法之上的人际关系。从文化来看，传统文化强调天人合一、情感。

现代社会直接建立在机器之上，当然间接的还是建立在自然之上，在"三大支柱"中进入能源阶段。在体制上，生产领域是现代企业和相应的制度，交换领域是市场经济，人际关系是契约和法律。文化上是天人分离、理性、竞争、个人本位。个人既是市场经济的基础，也是社会的基础。

目前发达国家已经在后现代科学和高技术的基础上逐步进入后现代社会。经济基础是信息技术，进入到三大支柱中的信息，并且以信息来整合物质和能量，还有生物技术等。更重要的是知识经济。在体制上，主要是跨国公司和全球化，WTO、虚拟企业联盟。家庭重新成为销售和生产单位，譬如淘宝小店、3D 打印。逐步形成所谓后市场经济，如英国伦敦的股指还有一个道德指数。从文化角度看，重新要求天人合一、情感与理性、和谐与竞争等，人类的共同命运在价值观的轻重缓急上越来越得到提升。

这就是社会发展的三个阶段。

（2）中国在哪里？

① 从内容来看

请问，在人类社会发展的三个阶段上，中国在哪里？大概在传统与现代之间，总体看是这样。但分开来看，香港在后现代，苏南在现代社会的前端，苏北要再靠后，贵州、西藏呢？对比《狼图腾》和《藏獒》两本书，前者里面的宗教是比较统一的一神教，后者的宗教还相当原始，基本上是多神教。西藏大概还处在前传统社会。我们看，中国是如此复杂的国家。有人说，一条长江从源头进入大海，就是由前传统到后现代。

再进一步细看，看看上海吧。陆家嘴的硬件都已经超过发达国家。豪华商场，豪华设施，对照之下，发达国家就显得陈旧和土气了。但是上海的市场经济规范、完善吗？现代企业制度健全吗？还有法治呢？看看高院的集体嫖娼吧。至于文化，在相当程度上还不认可普世价值。这么看来，中国在经济基础上已进入后现代，在体制上还在现代性上进退维谷，左右为难；在文化上，还在固守千年的那个“体”。我不知道这样的经济、政治和文化怎样耦合，如何协调。

这就是初级阶段的社会主义。初级阶段的社会主义不是自己跟自己比，比 1978 年前如何，比 1949 年前怎样，自娱自乐，而是要放在人类的历史上看；也不是只比经济，GDP，而是全方位考察社会的各个子系统，看它们是否耦合、协调。

② 从过程来看

由传统社会进入现代社会再进入后现代社会，可以画出一个大大的“V”字，这意味着否定之否定。传统社会可以叫做人与自然的“直接同一性”，靠什么吃什么、血缘关系，以及天人合一。现代社会的机器、市场经济，以及个人本位和理性是对传统社会的否定。后现代社会既延续了现代社会的特征，又在更高的水平上再现了传统社会的因素，例如生物技术，在托夫勒的《第三次浪潮》中提及家庭作为生产单位，以及重视情感等。这就是“正—反—合”。天人合一——天人分离——再次天人合一，集体——个人——集体＋个人＝社群，情感——理性——情感与理性。社会发展的否定之否定道路还可以让我们想起马克思的“两条道路”，或者说，马克思的“两条道路”不仅有认识论意义，而且可以扩展到实践领域。

现在的问题是，在这个V形图中，中国在哪里？总体看在传统与现代之间，分开看，头已经越过现代走向后现代，身体散落在传统和现代之间，尾巴可能还处在传统之前。拖着这么长的一趟列车，怎么追赶发达国家，在世界民族之林中占有一席之地呢？只能走中国特色的道路。我们不能跟在发达国家的后面走他们走过的老路，那样就不可能实现赶超。那么既然V形曲线是否定之否定，是否有可能不用经历现代社会的谷底，直接由目前的现状一步进入后现代？中国如何从现状走向后现代，如何赶超发达国家？

从国内看，第一次转型没有结束，第二次转型接踵而来，中国的困难在于要面对两次转型的叠加。工信部的存在就表明这种叠加。国内很多地方都还处在传统社会，能否插队直接进入后现代呢？有些方面可以，例如经济基础；有些地方不行，政治、文化能一步超越吗？邓小平说市场经济阶段不可逾越，我国的经济总量世界第二，但我们的市场经济、竞争、理性、法律还差得很多。

3. 中国特色和与国际接轨

(1) 与国际接轨

放在世界格局中，从人类历史的长河来看，以及全方位考虑经济、政治和文化，这是与国际接轨的前提。与国际接轨，是阿富汗，还是伊拉克？当然主要指发达国家，要有同样雄厚的经济基础和先进的科学技术，完善的市场经济，前者是我们强调的“第一生产力”，后者是邓小平所坚持的，同时也是世界各国现代化的必由之路。在上次分析诚信缺失时说起的科学精神同样是与国际接轨的重要方面。中国数千年封建社会最为缺少的就是科学精神，与国际接轨是对中国传统社会的深刻改造。

(2) 中国特色

中国特点现在有两种说法，一是从中国的特色出发。中国特色也就是中国国情，中国国情，就是中国的历史和现状。中国国情是考虑问题的出发点，对制定目标的限定，不是终点，是目标制定后要改造的对象，而不是坚持不变的目标。第二种说法是要建成具有中国特色的社会主义。这里要了解目标和路的关系，我们赶超发达国家的路一定要有中国特色。中国特色不仅在于特定的目标，更重要的是体现在实现目标的道路上。社会主义是一个进程，一个不断创造的过程，不是一个既定不变的东西。每走一步都要重新判断自己在人类进程中的位置，看清自己在全球化格局中的态势，从而重新设计和开拓道路。前进的每一步都是在创造社会主义。这就是中国的特色，特色体现在行动过程中。由此而达到的目标一定有中国特色，但不是预先设定的，而是不断创造的过程。

（3）社会结构转型的渐进之路

"华盛顿共识"和中国1978年以来的改革有什么区别？

"华盛顿共识"是20世纪80年代末，美国经济学家为南美等国家摆脱经济衰退甚至危机所开出的"药方"。简单说就是全面彻底推行市场经济，一步到位，推行到俄罗斯就是休克疗法。之后的情况大家都看到了，服了这贴药的国家大多不适应，甚至发生东亚经济危机。中国走了不同的道路，后来被称为"北京共识"，以表示与"华盛顿共识"的区别。

中国1978年以来的改革的根本特点在于渐进，是在原有体制下渐渐地改变。

渐进改革的经验主要有：第一，双轨制，边"立"边"破"，先"立"后"破"。通过"双轨制"改革和创建竞争，发展乡镇企业，引入外资企业等等。允许在"双轨"的边际上的充分激励，通过创建新的经济逐步取代旧的经济。今天看来，这一过程还在进行中，还会有反复。第二，帕累托最优，尽量注重照顾各方面的利益（三个代表），如把发展新的企业与工作岗位放在优先地位，争取社会对每一步改革的支持。眼下各种利益的博弈方兴未艾。第三，先易后难，先从经济着手，1978年开始以经济建设为中心，1992年进入市场经济，2001年进入WTO，2008年面临金融危机的救市，这都是从经济角度着手。中国的市场化先从产品入手，接下来是生产经营的市场化，最后是金融和土地等要素，走的也是先易后难的路线。目前国家还牢牢控制要素，这是市场化攻坚的最后堡垒。第四，试错，即"摸着石头过河"，例如特区，试点。第五，"抓到老鼠就是好猫"，不盲目崇拜和硬性推进私有化，不追求理论的完美，最终达到既定效果就好。

这就是中国渐进道路的五点经验。不过在今天看来，这些经验有些也不再适用。

二、改革开放：1978—2012

以上是对改革开放30多年总体的理解，下面开始讨论由1978至今的三个阶段。

1. 第一阶段:1978—1989

(1)“前1978”

正常的语法应该是“1978年前”,不过现在时髦的说法是把“前”、“后”都放在被修饰的事物的前面,有点像“前生后世”的意味了。

在第一个阶段之前是自1949年后的计划经济时期。社会中经济、政治和文化三个子系统分别是计划经济、中央集权和阶级斗争,它们之间形成了功能耦合。计划经济提供支撑社会的例如1 070万吨钢、50亿斤粮食,还有财政收入;中央集权规定计划经济和阶级斗争;阶级斗争论证计划经济和中央集权的合理性。

不过,这种功能耦合存在很多问题,突出的是官员腐败和“自发的资本主义倾向”,上面说到的功能耦合并不足以消除这些问题的根源,只能依靠额外的措施,那就是“运动”。50年代初的“三反、五反”、50年代末的“反右”,一直到“文革”,“七八年再来一次”。封建社会的功能耦合尚且能维持数百年,计划经济年代居然连几年都撑不下去。这里的关键在于计划经济及其政治和文化违背人性,甚至反人性。违背人性,指不承认人的自利本性,没有制度制约,要求“毫不利己专门利人”;反人性,就是批判和压制所谓“自发的资本主义倾向”。这是根本错误的,“自发”,就是自然发生,符合人之本性,社会主义绝不是违背人性的制度。再说,如果说资本主义是“自发”的,那么社会主义难道就不是自发的,需要通过不断的运动?2008年纪念改革开放30年,人们讨论这样的话题:1978年前后,还是960万平方公里,还是这些中国人,凭什么财富一下子从地平线下冒出来了呢?多年贫穷落后的中国迅速走向强盛。我认为就是自发资本主义的力量,所谓自发资本主义,就是每个人对自己利益的追求,国家要把这样对个人利益的合法追求凝聚起来。1978年改革开放就是从阶级斗争为纲转向为个人利益的追求。

从1840年开始的中国社会转型至今已有17多个年头,期间经历了辛亥革命和新民主主义革命两次社会结构转型,1978年开始的改革开放是中国现代史上的第三次社会结构转型。与上两次相同的是,都是试图调整经济、政治和文化和它们之间的关系,为社会转型铺平道路;不同的是,前两次原有的结构不愿意退出,因而被新的结构推翻,社会结构转型是突变,而这一次的情况是,新的结构是原有结构的“呵护”下诞生,在新老结构共存的情况下逐步演变和取代。

(2)为什么这次是渐变,而前两次是突变呢?

1978年为何中国走上了社会结构转型的渐变道路,这有独特的背景和条件。背景是外强内弱,发达国家强,自己国家弱。现在虽然GDP第二了,但人均依然在百位开外。外强内弱始终是中国人的梦魇，而改变这一状况，也是历代中国领导人挥之不去萦绕于心的梦想。不过外强内弱也会导致突变。

渐变的条件是：三强三弱。第一，上强下弱，也就是官强民弱。几千年来，老百姓都把希望寄托在清官身上，看看包公，看看眼下电视剧的帝王系列。第二是整强个弱，中国历来重整体轻个人，典型大概是张艺谋的《英雄》中的"天下"了。第三，政强经弱，中国历来强调伦理、意识形态，轻经济。"融四岁能让梨"，不患贫，患不均。所以，中国走渐变道路。前苏联之所以能够瓦解在于他们的官没有中国的强大，但他们的民比中国的民强大很多。看得出来，传统文化在推动渐变过程中起到很大作用。不过，中国这次社会结构转型的关键点是，上下之间在根本利益上的一致性，表现在原有的"社会结构"主动引导转型，孕育新的社会结构。此外还要注意渐变的边界条件：经济全球化，世界从对抗走向合作；中国有可能和平崛起，民族复兴。

(3)"返老还童"

1978年改革，从以阶级斗争为纲转向以经济建设为中心，思想上破两个"凡是"。上次说过，世界见证了一个民族的"返老还童"。几千年来都在处理人际关系，不是"和"，就是"斗"。现在终于沉到人的三大关系的地基，人与自然、人与物的关系，走向经济发展了，这就是一个民族的"返老还童"。上次已经提到这一点。

这段时期可以看到两个问题：一是从"文革"中走出来所迸发的对个人权利的捍卫，民间的激进自由主义思潮走向悲情化并与威权政治发生剧烈冲突；二是农村包产到户走向市场经济，但作为经济主体的城市依然是计划经济。也就是说，80年代的思想解放既没有经济基础，也与政治不合拍。形象地说，这就是在"返老还童"的过程中"老"与"童"的冲突，这种冲突既发生在人际关系上，也发生在个人与自己身上，表现为传统的伦理道德与物质追求的冲突。在这种难以调和的冲突中，改革开放的第一阶段到1989年结束。

2. 过渡期：1989—1992

1989年后有一个过渡期，过渡期一开始就发生了"惯性回归力"。"惯性回归力"是诺贝尔奖得主普利高津在他的耗散结构理论中提出的一个概念，意思是系统中的随机涨落如果没有"远离平衡态"时，会被惯性回归力拖回到原来的平衡态。1989年后的治理整顿有回到改革开放前的趋势。

3. 第二阶段：1992—2001

这种惯性的回归在1992年被喊停，随后搁置意识形态"姓资姓社"的争论，切实下沉到经济发展。知识分子接触到哈耶克温和保守的自由主义理论。随着邓小平"南巡讲话"后对外开放大潮的出现,1980 年代知识分子所推崇的卢梭的"不自由,毋宁死"的激进的观点逐渐被抛弃,1980 年代中期以来自由派知识分子与执政者之间的紧张得以缓解;一部分自由知识分子在非政治的民间空间里,发现了前所未有的获取经济利益与实现自我价值的新机会。1992 年中国改革开放进入第二个阶段。

(1) 文艺复兴运动的两个阶段

改革开放的第一和第二两个阶段,放在世界史上看大概就相当于文艺复兴的两个阶段。文艺复兴运动的前一个阶段是人与自然的解放,是文艺复兴的人文主义阶段,后一个阶段是群众性、经验色彩、更富有科学性的"下沉"的阶段。从文艺复兴两个阶段这个视角来看,世界各国在走出中世纪时普遍经历这两个阶段,例如法国,先有启蒙运动和大革命,再有科技经济发展;德国先有浪漫主义运动,再有俾斯麦铁血首相;日本先有明治维新,再有经济的腾飞。文艺复兴和启蒙运动影响到中国已是 20 世纪初,"五四"运动就相当于第一阶段,之后的"科玄之争"及民族工业的发展就是第二阶段。遗憾的是,中国发生在 20 世纪初的现代化进程被日本入侵打断了。日本对中国犯下的罪不仅是烧杀抢掠,而且还延误了中国由社会内部自发或自组织的现代化进程。

文艺复兴运动在 1978 年重新开始,以 1992 年为界,既把改革开放分为了两个阶段,也把这次文艺复兴分成了两个阶段。第一阶段从"文化大革命"中走出来,大规模思想解放运动;既是半个多世纪前"五四"运动的继续,又呈现出新的特征。一开始是标志人性复苏的伤痕文学,然后是对 50 年代以来曲折道路的反思,对真理标准的讨论,以及大量翻译西方学术著作。由于计划经济的强大惯性,由于没有市场经济为基础,这场在"文化大革命"之后迸发出来的热情随即便归于沉寂。1992 年邓小平"南巡谈话"引向改革开放的第二阶段,之后的发展具有文艺复兴第二阶段的一般特征:由精英向平民回归,由理想走向务实,转向物质生产和消费,以及转向平民和大众文化,更重要的是转向市场经济。只有商品经济才能从基础上冲破自然经济和计划经济的人身隶属和依附关系,个人才能在社会中取得独立自主的地位。

(2) 中国渐进式社会结构转型的优势

中国渐进式社会结构转型具有三大优势:赶超、有序和自主。

第一大优势是赶超。中国的改革开放是在外强内弱的背景下开始的,发达国家成功的经验、失败的教训可以根据我们的实际情况参照选择,譬如生态、挑战者号失事、产业发展方向等,从而实现赶超。历史上有不少后来者居上的事例,这些实现赶超的国家的共同之处是有一个强大的政权。当然有强大的政权未必成功，但是成功者都有强大政权。

第二大优势是有序。截弯取直，避免多走弯路，甚至倒退。之所以有序，首先是有一个强大的政权制定统一目标，以及为目标的实现制定统一和一以贯之的政策。这里的一个典型事例是计划生育。先是确定为“基本国策”，然后设立“有关部门”计生委，现在并入卫生部了。然后是一竿子到底的庞大队伍，守候“超生游击队”回家的日子，把男的或女的弄到医院，一刀解决问题。我就不给你“生的权利”。专家说：只生一个好。现在大家知道生多少是好了。这样的事情，印度做得出来吗？用不了多久，他们的人口就会超过中国。当然如果我们现在调整，那么还可以世界第一。

其次是由于整强个弱，强大的整体提出统一目标，弱小的个体，目标分散且矛盾，整体的目标将分散的个体凝聚起来。有人提出这样的问题：知识经济在美国由公司自下而上提出来的，为什么到了中国是由中央自上而下贯彻下来呢？道理很简单。外强内弱，发达国家先行一步，先进入知识经济。我们觉得不错，就自上而下贯彻下来了。民间或企业有这个能力，能登高一呼，有听的吗？

再次是政强经弱。怎样保证“上”提出的目标得到贯彻实施？由舆论来宣传统一的目标和典型，宣传很重要，树立典型同样重要。看看吧，中国的社会，360 行，哪一行没有典型；一年 365 天，哪个月、哪一天没有典型？还有接连不断的“报告团”。社会结构转型的初级阶段必然强调政治，注意，是“社会结构转型”的“初级阶段”。什么时候没有这么多典型，不再依靠典型，中国的社会结构转型也就进入了中级、高级阶段。

第三大优势是自主。有一个能统筹全局的强大政权，一个作为整体的国民，以及由上到下渗透到所有领域的政治舆论，就可以排除内外干扰，以保证有序实现转型。

自主是为了有序，有序是为了赶超，而赶超的每一步成功加强了我们自主的信心。这就是中国特色社会主义道路的三大优势。优势在于渐进，没有与计划经济及其制度和文化一刀两断，因而社会结构转型平稳进行。根本原因在于，政权与民众之间在根本利益上的一致性。

(3) 中国渐进式社会结构转型的弊病

① 外强内弱的弊病

中国的道路是典型的外生型道路，当然，朝鲜或许更典型。世界上有两种现代化道路，一条是内生，一条是外生。“内生”，指现代化的动力来自社会内部，来自底层，由下而上；“外生”，现代化的动力来自外部，严格说，不是动力，而是压力，在外部压力下被迫走上现代化道路。英国是典型的内生型的现代化，中国则是典型的外生型国家，一次次变革都是在强烈的外部压力之下进行的。在外部的压力下，外生型国家往往会采取相对封闭的政策，影响开放，以及优先发展军事，造成整个国民经济的畸形发展，例如朝鲜。外生型国家如果不能把外部的压力转化成内生的动力就没有希望。

② 上强下弱的弊病

第一，走这样的道路就必须赋予政权以绝对权力，这样才能号令天下。但这样的权力怎么监督呢？这就是一个悖论。失去监督的权力或者成为极权，或者形成腐败。

第二，强化了延续了千年的官本位。官拥有越来越大的权力和相应的利益，结果是，一方面官变得日益重要和诱人。另一方面，官越强，民就越弱，越产生不出自下而上的现代化动力。看看各地怎样争抢国家级贫困县的桂冠，没评上的说，"我们被错划为富农"了。

第三，有谁保证这个政权提出的目标是符合社会发展规律的。想想看"文化大革命"，想想看高铁过度提速所引发的事故。如果全体人民把命运寄托给一个人的"洞察一切"，可以吗，真的可以洞察一切？这些年来，决策错误的事例比比皆是，轻飘飘一句话，"交学费"，多少血汗、精力还有时间都打了水漂。

第四，由上而下的指令与随机涨落的市场矛盾。市场化过程要有一定的发散性，有利于各种新的尝试，探索不同的变革模式，并在不断的"试错"中进行调整。

第五，由上而下的目标和由下而上的动力能否协调。例如撤乡并镇，北乡撤到南乡，北乡不愿意了，认为自己贬值了。从上而下的指令和从下向上的动力没法协调。最后，还有对权力的迷恋和固守，阻碍改革的推进。

③ 政强经弱的弊病

第一，片面强调政治。一是难以持久，于是不断要有新的提法，二是延误法制建设。我对伦理型社会一直信心不足，我认为中国首先应该加强的是制度和法律，而不是一浪接一浪运动式的思想教育。

第二，政治经济化和经济政治化。政治经济化是政治直接干预经济，如发改委的约谈、限购。正如人在车上没法推动车，必须要到车外才能推动车一样，政治只有超越经济才能调控经济。外国经济学家研究中国这些年的经济发展，百思不得其解。后来中国的同行告诉他们，中国的经济就是政治经济，党代会就是经济规律，每次党代会后，前半段扩张，后半段紧缩。再看那些献礼工程吧，譬如长江大桥，譬如铁路南站……国庆、党的生日、香港回归，等等，都是献礼的由头。再看中小学数学的应用题，其中有一大类是这样的：原计划如何，现在提前了。你有见过落后于原计划的应用题吗？在中国，政治渗透到一切领域。改革开放，说是以经济建设为中心，真的“为中心”了吗？当某个领导语重心长地给你交代任务的时候，都会慎重其事地说，这是一件“政治任务”。你见过哪个领导说，这是一个经济任务吗？

第三，宣传统一目标，就要弘扬主旋律，会削弱舆论正常的监督作用。某地把中央下达农民减负的政策汇编成册卖给农民，且不说这里由这样的途径赚钱本身就是不对的；出版社受到领导的严厉批评，这样的事情怎么可以让农民知道呢？

最后，片面宏扬传统，把传统当成未来；片面地宣传爱国主义，走向自我封闭。前面已经说过，要经历否定之否定的发展道路。

(4) 两个根本问题

中国的这条道路，存在两个问题，一是在理论上怎么认识三强三弱。我们必须坚持三强三弱，这样才能走好属于自己的渐变道路，但三强三弱又导致了一系列根本性的问题，所以到底如何认识三强三弱呢？二是在实际上，改革开放是在各级干部的领导下自上而下进行的，但其每一步都在削弱干部手中原有的权力。干部为什么自己反对自己？有个镇长说：“以前的村长都是我任命的，他们都来巴结我。但现在需要普选了，还要自己下村里宣传，选出来的村长不听我的。”在此意义上，改革就是官员削弱自己的权力。

中国要走出威权主义必须使用威权主义，走出威权主义的威权主义。当中国走中国特色的社会主义道路时，三强是条件，我们需要强大的政权、整体和政治；但是三弱不是条件，是要改造的东西，难道我们要坚持贫穷落后，坚持愚昧？三强如果不是为了三弱，又是为了什么？三强强大的目的是要让三弱也变得强大。这是从理论上的认识。

在实践上，在转型的过程中，给干部权力就是为了改造权力，使改造的权力适应于市场经济，不是权力变小了，而是权力性质发生了变化。从适用于计划经济到适用于市场经济。以城管举例，中国能否把权力从适用于计划经济改造为适用于市场经济，标志之一就是城管能否取消或者改变其功能。我认为城管是改造权力的第一线，由政府到社会。

什么是适应于市场经济的权力？第一，依法治国，这是整个社会、任何一个社会的底线。第二，削高填低，二次分配，调节收入。第三，市场经济达不到的领域，提供公共品（生态、环保、基础科学、公共设施）。第四，制定游戏规则，监督执行，以保证市场竞争的公平和透明。第五，创造良好的社会经济环境（治安、通货膨胀和通货紧缩的控制、失业率、维持社会稳定）。这就是适合市场经济的权力。一句话，我觉着改革开放从根本上说就是以权力来改造权力。

4. 第三阶段:2001—2012

(1) 全球产业链

2001年,中国加入WTO之后,在不经意之间,进入了第三个阶段。中国从20世纪末开始,逐步放弃了原来的全面赶超,而转为比较优势战略。中国的优势在于廉价的劳动力,强大的政权等等,我们做世界工厂。正是这样,我们利用世界由恐怖下的和平到相互依存的和平的时机,以世界工厂的身份进入全球产业链。中国作为低端产品的生产地,美国作为金融产品生产地和消费地,德国、日本作为高端产品的生产地,中东和澳大利亚等充当资源输出国。当然一个国家并不只是一个角色。中国这个人均穷国借钱给富国也就是美国,让他们买我们的廉价产品,这就是中国在全球产业链中的地位。

一个国家在全球产业链中的地位和功能耦合状况,对这个国家内部的经济和社会产生深刻影响。

① "拉扯"效应

全球化对中国东西部城乡之间造成"拉扯"效应,全球化之后中国东部和城市发展起来,西部和乡村更加落后。在全球化进程中,世界范围是资本流动,而在中国是劳动力流动。中国领导人说让一部分人先富起来,意图是东部先富起来,然后资本自然流向中西部,梯度发展,共同富裕。但由于西部劳动力大量流向东部,东部的劳动力富裕,劳动力的价格就上不去,资本就一直有获利空间,所以就不思进取,既不创新也不会流向西部。世界范围内的资本流,在中国就是民工潮,但二者的结果大不相同。资本流带来先进技术和管理理念,民工潮就不一样。回到西部和农村的还是农民而不是创业者,带回去的钱用来消费,盖房、娶媳妇、养猪、看病之类,而不是投资。创造的剩余价值留在东部,带回去的只是可怜的工资。要是舍不得邮寄,随身带着还一路追杀。但愿"天下无贼"。还有一系列社会问题:家乡的土地抛荒、留守家庭和儿童问题,以及农民工在城市的性生活问题等。

农民工经济不是农业发展的道路,有知识的青壮年都抽空了,谁来从事农业生产,是老弱妇孺吗?不是农民社会化道路,农民既进不了城,也不甘心回农村。如同杰克·伦敦笔下的马丁·伊登,最后选择自杀。也不是农民素质提高的道路。农二代就是时代的悲哀,一方面难以融入城市,另一方面又回不去了,这是重大社会问题,他们将耦合到社会的哪一块呢?蓄水池,真的可以召之即来挥之即去吗?还有,原有农村医疗体系解体。农村地区微薄的财政和农户收入承担教育培训负担,为城市现代产业源源不断提供具有初中等教育水平的熟练工人。到老了回农村养老、医疗和安居等。这是东部、城市,以及整个中国对农民的掠夺性使用。

世界工厂锁定了中国的二元社会,锁定并且加剧中西部地区在工业化和现代化进程中的滞后。

② 锁定落后

世界工厂的工人被锁定“四低一高”:低工资、低教育、低技术、低劳动生产率,以及高劳工淘汰率。这是廉价劳动的陷阱。

再看“微笑曲线”。“微笑曲线”背后对应了三种不同的知识,创新、科技黑箱、品牌,分别对应了独有的主观的意会知识、共享的非嵌入编码知识,以及嵌入的编码知识。中国做的是科技黑箱一类的事情,是马克思说的“无差别劳动”,是卓别林在《摩登时代》中的那种工作,工人难以忍受这种“异化劳动”。再加上全国乃至世界各地的竞争,越竞争其价值就越低。中国是被掐断了两端的世界工厂,一头没有创新,一头没有品牌,剩下的只有无休止的使用我们廉价的劳动力资源,哪怕开胸验肺!

“微笑曲线”,中国笑不出来。IBM公司声称:让机器工作,让人们思考。现实是中国人在工作,西方人在思考。富士康中的工人在思考吗?能思考吗?他们不过就是摩登时代的机器。

③ 锁定被支配

地方政府比着看谁给外资开出的条件更优惠,这就是锁定了被支配的地位。发达国家掌握游戏规则,拥有话语权,随时可以举起反倾销的大棒,中国企业往往疲于奔命。美国、西欧,还有日本拥有知识产权,可以在全球选择生产方,中国贵了可以去越南,而发展中国家,无论是“金砖”还是“银钻”在选择中却是非他莫属,这就是选择权。这就像谈恋爱,男的说非这个女的不娶,而女的要普遍撒网重点捕鱼,双方的地位高下立判。这就是选择权不平等。这就是21世纪的劳心者治人,劳力者治于人,这就是知识的权力。

④ 锁定的要素被固化、沉淀

发达国家投入的要素主要是知识和资金,流动性强,随时可以方便地撤离或转移。中国等发展中国家投入的则是土地、厂房和设备。达到三通一平的土地,甚至打下了作为地基的钢管,一旦风吹草动,外资轻而易举撤离,留下的是废弃的厂房和流水线,以及失业的员工。同样是生产要素,但在生产力整体中的权重不一样,流动性越强的要素其权重越大。

春秋时期就有这样的故事,管仲制鲁梁之谋。当年“春秋第一相”管仲为拿下鲁梁二国，先令齐国老百姓全都穿上了丝制衣服(服绨)，齐国丝价大涨。管仲还特意对鲁梁商人说："你们给我贩来绨一千匹，我给你们三百斤金；贩来万匹，给金三千斤。"吸引得两国国君都要求他们的百姓织绨以赚取高利润，从而放弃了农业生产。一年后，管仲又不让百姓再穿绨，并不准卖粮食给他国。十个月后，鲁梁粮价高涨，发生饥荒，即使两国国君急令百姓赶紧回过头来种地，也为时已晚。齐国不费一兵一卒即令两国归顺。俄罗斯也是个例子，普京在上一任期就确立摆脱"能源附庸"的产业振兴计划，然而随着原油价格从 30 美元起步，狂飙至近 150 美元。普京以及俄罗斯民众陶醉于"能源美元"之中。随着牛市的逆转而终结。现在再提均衡发展，以及改变相应的体制，却已经积重难返。

⑤ 不可持续

耕地日益减少，变成了厂房、仓库、道路，甚至高尔夫球场。制造过程产生的污染留在了中国，因没法耦合而积淀，日渐干扰系统的正常运行。碳排放，责任究竟在生产方还是消费方？有统计表明中国消耗的资源，比日本、德国、英国、法国加起来的总和还要大。钢材消费大约占世界的 30%。水泥消耗超过世界的 50%以上，以致遭遇涨价或围攻。无论对于中国自身还是世界，很难再承担下一个三十年如此的消耗。

(2) 改革之路被遮蔽

更大的影响是这些年，中国的改革之路被遮蔽。

一头是资本，一头是劳动力和自然资源，我们的政府到底站到哪里呢？中国为了迎合企业(主要是外向型)的需要，在资本与劳动力的博弈中偏向资本。为了满足世界工厂的开工，工人无法集体和资方讨价还价，影响市场竞争的游戏规则。在资本与自然资本的博弈中偏向资本。看看层出不穷的污染事件吧。有人问，明明是我们和开发商之间的矛盾，为何中间总是站着政府？明明是老百姓和企业的矛盾，为什么政府挡在企业前面呢？

这些年，虽然中国的 GDP 第二了，但我们掌握了现代化了吗？我们的工人得到应有的权利了吗？我们的城市化滞后，消费力低下，难道只有美国人会消费，中国人不会消费吗？这就是二元社会，东西部矛盾。我们说科学发展观，但是只要中国仍然在世界工厂开足马力为发达国家提供廉价商品之时，科学发展观几乎成为一句空话。中国的现代化失去了由下而上的动力。北大周其仁的研究结论是，"做世界流水线上的一环，远远比自己搭建一条流水线容易。中国商人开拓商路的能力在退化。"所以，世界工厂不等于现代化。在相当程度上可能只是意味着本国被纳入跨国公司的全球生产体系之中。

跨国公司有所谓“三全战略”。第一，全球化经营，目标是采购成本、研发成本、销售成本最低，而利润最高。第二，全环节利润，控制整个产业链，轻而易举打击任何一个环节。第三，全市场覆盖，多种经营，与政府联手。仅4年，只在大豆的生产和收储加工环节生存的中国，由最大原产地沦为最大进口国。再看看碳排放的两大高峰，一个是1957年的大炼钢铁，一个是2001年。发达国家把他们的污染厂房、企业纷纷移到中国。再看看单位GDP的能耗，2001年反弹。是不是中国的小汽车保有量增加了呢？看看煤，小汽车不用煤吧。同样在2001年大幅增加。

2001年时，我曾经以为加入WTO对中国会产生积极影响，当然这种影响并不是不存在；但没有想到，在全球产业链中的生态位才是决定性的。我们想起了马克思那句话：批判的武器不能代替武器的批判。经济上的地位是决定性的。中国消耗世界的资源破坏自己的生态，这是一个残缺的社会。在这样的全球产业链带来了中国自身东西部差距扩大、二元社会、改革滞后等。这样的功能耦合，维持的时间越长危害越大。

（3）过渡期：2008—2012

幸亏出现金融危机。金融危机就是全球产业链的解套，这种解套为全球产生新的产业链提供可能。

① 解套—救市—二次探底

然而，突如其来的“解套”令人措手不及。中国在对外依存度对GDP的贡献达到60％之时，外需突然抽身而走，建立于此基础上的近2/3的经济和社会的构架及其功能，不论是输入还是输出，一夜之间失去了耦合的对象。想想看，我把自己体重的三分之二靠在墙上，这时墙突然撤走了我怎么办？这就是2008年中国的状况。如果说美国所遭遇的主要是金融危机，那么波及到中国所引发的主要就是实体经济危机。

然后就是中央的四万亿救市和各省18万亿救市，以这样的救市替代全球产业链中的外需。修建铁路两万亿，在相当程度上拉动了外需，两万亿出来后澳大利亚力拓必拓的股票应声而涨。2008年应对金融危机的措施没有解决产业结构的深层问题，反而还越走越远，我们的产能过剩没有缩小反而更加扩大。德意志银行亚太首席经济学家马骏判断，近年中国GDP走势将呈“W”形，即经历两次探底过程。第一次触底发生在2008年四季度，因为救市措施会在2009上半年强劲反弹。但是政府对经济的这种刺激效用不可持续，由于民间投资的减速与全球经济下滑的大环境对中国出口的压制，中国经济可能再次探底。反弹越迅猛，二次探底概率越大。新苗是长出来了，但用的是什么肥料呢？例如温州的那些商家，接下来要转战国内市场，但国内市场有国外市场那样规范吗？内需就这么简单可以取代外需吗？

所以，金融危机给我们提供了一个分岔，我们有可能从分岔中走出来，从 GDP 转向以人为本。金融危机后，或许是落实科学发展观的最佳时机。危机之“机”不在于我们去发达国家抄底，购置房地产，而在于反思这些年来我们被“锁定”的道路，反思在全球产业链中我们被遮蔽了什么，我们的改革为何停滞不前，以及最终中国的社会转型如何从外生转向内生。

② 面临不确定因素（国内）

当前中国面临若干不确定因素。

第一，人与自然矛盾问题。这一点已经有大量资料和研究结论，这里就不多说了。

第二，国家、市场、社会应当三足鼎立，互相制约协调。现在的情况是，一个无比强大无所不能的国家，一个无良的市场，以及一个弱小的社会。金融危机之后，在不断维稳的过程中，中国趋向建立一个整体性权力，总是担心社会挑战他的权威，但又难以覆盖整个社会和承担全部重任。金融危机后的情况是，国进民退，“三强”更强，而“三弱”变得更弱。

第三，利益集团形成并渐次固化。基尼指数已经达到警戒线。高校更是如此，如果有人研究一下高校的基尼系数我认为一定比社会的更大。不同级别的学校、不同个人得到的经费差距巨大。这里要回答一个问题，为什么基尼系数达到了 0.5 甚至更大，但中国社会还总体稳定呢？主要因为总体收入在增加，社会底层人的收入也在增加，加上中国人得过且过的品格，消解了对阶层差距的不满。现在社会上令人出气的渠道也多了，如“壹周立波秀”，现在和“小崔说事”结合到了一起。还有那些“段子”，在一笑之中，那些紧绷的肌肉也就松弛下来，阶层间也就相安无事了。不过，中国社会也就缺乏自下而上的改革动力。

一个稳定的社会是橄榄型的，但研究表明，中国的社会甚至不是金字塔，而是倒“丁”字形。三分之二的人生活在“一横”，三分之一的人生活在“一竖”。这种结构还有固化和代际继承的趋势，如官二代、富二代等。生活在“一竖”中的人还时刻感受到向下的拉力，“压力山大”。一套房子消灭一个中产。

中国的权钱交易有三个阶段，第一阶段 80 年代可以说是没有权也没有钱。第二阶段 90 年代民营经济兴起，在权的旁边出现了钱，这本来是社会进步的标志，特别是在权和钱之外出现了市民阶层。第三个阶段，本世纪，特别是 2008 年金融危机、四万亿救市之后，国进民退、权钱合一，现在的官员当真是“不差钱”。90 年代，公务员下海，现在公务员热。这么一个轮回，改革到底体现在哪里？改革开放进入了深水区。我不知道深水区在哪里，权钱合一是国进民退，中国的深水区我看大概已经上岸了。

第四，改革的势头似乎已经耗尽。近年来的改革大多经由倒逼机制：在自然、经济和社会等诸项矛盾忍无可忍之时——倒逼。倒逼，总是会找到路，找到的一定是是阳关大道吗？

第五，源于民间的现代化动力枯竭。柳传志先生坦承，他所代表的整个企业家阶层，"是很软弱的阶层"。其一是不敢抗争，其二是缺乏公共关怀。中国的企业家如果不投靠官，他如何安全地赚钱呢？

第六，全社会诚信缺失，全民腐败。包括自己在内，我们难道没有一点腐败吗？

③ 面临不确定因素（国际）

中国GDP达到世界第二了，但眼下的国际环境似乎变得更加困难。在中国日益强大而登上世界舞台之际，在一览众山小的快意之余，发现既有强敌环伺，又有宵小寻衅，兼有风云变幻。美国步步进逼、南海事端、欧债危机、中东剧变，以及非洲不稳，等等。越是置身于世界，世界的影响就越大。未来不确定因素众多，难以逆料。发达国家感觉到了你的威胁，产生了"再意识形态化"。不仅仅是经济上的冲突，而且是意识形态的冲突。

三、对未来的预期

在这种情况下，中国逐步进入了第四个阶段。前面说过两种转型，以社会结构转型推动社会转型，以社会转型倒逼社会结构转型。在知识经济的当代，不可能通过消耗资源和廉价劳动力维持第二。如果我们无法为知识的创新、传播和共享提供一个良好环境的话，我们不能维持这个第二位。

1. 龙飞船的启示

前不久美国"龙飞船"的案例发人深省，这个事情太值得关注了。自从探索太空，所有的活动都是政府做的，但从龙飞船开始，开始由企业来做了。这样的事情都可以用市场模式来做，如此高风险高投入关系到保密的东西也可以由民营企业来做。由此可以充分看到美国民营企业之强，国家与民营企业完善的契约关系。在中国，石油本来是应该市场化的，为什么国家直接来做呢？

"龙飞船"体现了国进民进的关系，整个民间发展起来了，国家就在这个基础上再前进一步，同时二者还存在竞争与合作关系。这就是国家和民间的良性互动，不是国进民退，更不是民间依附于国家之上。

究竟藏什么于民？不仅是藏富于民，更是藏一种创造性机制于民。二战时，美国制造业满负荷运行的时候，几个月就能造一艘航母，现在我们说美国的制造业大不如中国，但是一旦战争爆发，民间马上可以调动这些资源来做，这就是藏一种机制、一种欲望、一种创造、一种追求于民。当我们失去了这种追求，藏多少钱都不能成为中国前进的动力。藏这种原创性、对生活的追求于民，这才是美国真正的富强。中国的央企为何在国内能畅通无阻呢？投资海外为何不行了呢？因为它失去了权力的庇护，没有竞争的能力。所以中国的改革最终在于个人的全面发展。

2. 对"渐进"道路的再思考

最后我再回到一开始提到的中国这条渐进道路。中国的市场化是从产品的市场化推进到生产过程市场化，最后还有一个环节，就是要素还没市场化。现在，正是由于土地、石油等资源，及金融这三者还没有市场化，所以出现了一系列弊病。有人认为中国的基尼系数居高不下在于分配的不公，实际上在分配之前已经不公了。这种不公平在于国家拥有土地，政府通过卖地获得大量收人；国家拥有石油等资源。要素不同这一点在分配之前已经起作用，中石化、中石油在分配之前已经多拿一份了。所以中国的市场化有必要从产品推向生产过程再推向要素的市场化。

渐进道路的一大特点是实用主义。中国的传统是由果推因，只考虑结果，只要做成了，不考虑过程的合理性、合法性，不考虑程序是否公正，比如征地、拆迁。摸着石头过河也好，"黑猫白猫"也好，充分体现了中国这种实践哲学。中国只求善不求真，无一定之规。再说，可以以中国哲学的求同存异来处理世界事务吗？钓鱼岛可以"同"吗？黄岩岛可以"同"吗？在很多国际关系的事例中，我们看不到求同存异。有人说中国走的是一条国家机会主义道路，有足够的灵活性。但没有从精神上找到一个起点，这样一个民族的崛起会影响其他民族的疑虑，中国的这条道路实用，但没有灵魂。还有双轨制，我们本来希望在计划、国有、公有旧体制——当然，这些并不是"沉舟"或"病树"——之外能看到千帆过、万木春。实际上现在的情况是，政府这头更加强大，民间这头更加弱小。

前苏联解体后有一位前苏联官员说过：当权力变成享受，必将危在旦夕；当权力成为负担，他将稳如泰山。这两句话值得我们深思。改革就是对权力的制约的改造。

最后我们来说怎么才能走出分岔点。一个革命党和一个执政党，二者有什么区别呢？革命党需要一个领袖、一套纲领，一个阶级推翻另一个阶级。执政党不存在这些东西。国家利益归根到底是为每个公民实现个人利益做出制度安排。以人为本要求把人作为所有问题的出发点，也是社会进步的终极目标。注意“新两个凡是”，凡是涉及群众切身利益的决策都要充分听取群众意见，凡是损害群众利益的做法都要坚决防止和纠正。审判薄熙来充分体现了依法治国，这都是“十八大”重点强调的思想。培养公民社会和法治社会，这是中国强大的根本源泉。

我就讲到这里，谢谢大家！

五、认识我自己

第十讲 学术资源—松弛与紧绷—价值观

（张浩整理）

各位，我们开始。首先我要感谢各位对我这个“精华十讲”的一路陪伴，终于到最后一次了。“认识我自己”，这是我给自己出的题目，自己套上的缰绳。我一直想赖掉最后一次，但是觉得还是要鼓足勇气。上星期讲完之后，有好几个同学和老师给我发来很好的邮件，让我能够从不同的角度认识我自己。实际上我自己是没法认识自己的，“人是社会关系的总和”。我努力通过各种各样的社会关系来认识自己。

所谓人是社会关系的总和，那么我大概就是我们在座各位，以及更多的朋友，从我的“混沌初开”一直到现在的各种关系——包括现实的或者是神交的——的“总和”。

所谓认识我自己，这几乎是一个不可能的题目，那么我今天讲的主要可能还是从学术、科研、专业这些角度认识我自己的一个片断，而不可能是一个全部的我。

这一讲的标题是什么意思呢？学术资源，相当于我的“本体”，松弛与紧绷，说的是我的思维方式，属于认识论，最后，最高是价值观。

一、走过的路

首先为大家介绍一下我走过的路，为什么首先跟大家讲这个呢，这也是有根据的，就是历史逻辑的关系。如果要从逻辑上认识我，首先要从历史上认识我走过的路，“现在就是最高”，这是黑格尔说过的话，我此时此刻的状态就是我一路走过来的这些东西印在我的生活中。要认识我的现在，先要了解我的历史。

	经历	研究领域变化　对人生的影响
1962—1968	理科（化学）	事实—逻辑—理性
	实验（操作与讨论）	思辨
1968—1978	蹉跎岁月	平民意识
1978—1981	研究生（专业时代同学）	中间层次的哲学训练　自然哲学

（续表）

	经历	研究领域变化　对人生的影响
1980 年代	思想解放（走向未来）	伤痕文学　主体意识　科学史及其文化背景
1990 年代	研究生班	技术哲学　STS　中国社会转型
2001—	全球化与知识经济	中国社会转型　全球化　知识论
2008—	金融危机	全球化　中国社会转型　知识论 三个世界的关系 人生向广度和深度的延伸拓展
	后金融危机	
	科学网博客	
2012	退休	

在上面的表格中，左边就是历史，右边是这样的一种特定的历史对研究领域（世界 3）我（世界 2）的影响。可能大家都已经知道我本科是复旦大学化学系，1962 年入学，到现在已经 50 年了，前不久我还到复旦参加了入学 50 年的校友会，大家全都是白头发，已经去世了若干个了。

1. 本科

我的化学本科经历给我造成的影响是什么呢？

第一，做什么事情都从事实和规律出发。不管再好的愿望，或者再厌恶的事情，首先得考虑这个事情本身是怎么回事，它的规律是什么。除了数学外，化学跟其他的理科一样，都要面对看得见摸得着的对象，这一点让我持朴素唯物主义立场，所以我从来不介入诸如“实在论”的争论，既不感兴趣，也没有能力介入。从本体出发，贯穿我学术生涯始终。即使近年来探索知识论，也是把知识当作本体看待，研究知识本身。不过严格说，这一点实际上是在化学本科的基础上，叠加了哲学，是本体论对朴素的“事实”和“规律”的提升。

第二，强调逻辑。要求推理过程、说话要强调逻辑。在给本科生上《科学与文化的足迹》时，学生感到，我是用理科的方式讲文化。看看上面的这张表，走过的人生居然可以做成表格！自己都感到匪夷所思。当然实际的人生要复杂到无限的程度，但是还是可以理出线索。这里的“理出线索”，实际上是从纷繁的现象中归纳、概况、抽象出共性和必然性，然后再以共性和必然性来组织、梳理现象和素材，在梳理过程中修改、调整、归纳的结果。同样，这一点也有哲学的影响，把本科的思维方式由自发提升到自觉，主动探求现象背后的普遍性和必然性。这一点实际上就是科学精神。

第三，是实验。实验对我的影响是什么呢？实验要动手，要操作。通过我的大学生涯发现我的操作技能实在是够呛，够呛到什么程度呢，我这个手的皮肤，通常在家里可以端烫的碗，也就是手上的皮比较厚，在实验时什么样的酸、氢氧化钠都腐蚀过，因而久经考验，当然也就不怕烫。还有，在打碎玻璃仪器方面，我在班上绝对名列前茅。为了少赔钱，跑了多少次上海的中央商场，去“淘”便宜的玻璃仪器。我想，现在“淘宝网”“淘”的本意也是这样。

实验对我的影响不在于动手操作，而在于实验后的实验报告，特别是“讨论”环节。我对讨论这块非常感兴趣：“如果我这样会怎么样，如果我那样会怎么样，如果我不按规则来做会怎么样，会出现一个什么现象，我怎么来解释。”我对这种讨论非常感兴趣。这就显示着我在思维习惯中相对而言有一种思辨的特色，我发现了这样一种能力。发散、联想，甚至不着边际。感谢大三带有机化学实验的杨楚耀老师。杨老师在相当程度上容忍我的“浮想联翩”，以及几乎对我的每一项“讨论”都做了批语，从而给想象的翅膀系上“秤砣”，这是培根的话，从而不至于飞得太高，不至于远离事实和逻辑。大家应该看得出，这一点同样是本科化学与研究生哲学的叠加。

2. 蹉跎岁月

第二段就是所谓“蹉跎岁月”，这不是那个电视剧，也没有那个小芳。那是在我大学毕业以后，到第三铁路工程局的铁路工程队修铁路。修铁路是什么意思呢？就是什么地方没有铁路了，再往前修。那么你们想想中国什么地方没有铁路，需要再往前修，那就是非常偏僻的地方，穷山僻壤以及边疆地区。我第一段修的铁路就是在长白山一带，然后第二段修的铁路是在山西宁武阳方口到岢岚和五寨那一段，那一段后面就是一个卫星基地。这两个地方都是非常的穷，在长白山一带穷到什么程度，或者艰苦到什么程度？现在说东北严寒，我就经历过，在澡堂里面洗完澡，在回到房间的约二十米距离，头发全部结冰。早上起来头抬不起来，头发跟活动房屋的壁冻在一起了。夏天是什么感觉呢？就是外面下大雨，我们睡铺板，底下哗哗淌水，这就是东北。

在山西曾经经历过沙尘暴，一次正好在帐篷里面，我睡的床铺在帐篷的最边上，这个帐篷顶用枕木吊下来压着它不让它吹掉，沙尘暴来的时候，帐篷外的枕木就敲着我的这个铺晃动，像在大海里航行一样。在野外也碰到过一次沙尘暴，是下午三点多，我当时都不知道那叫沙尘暴，那是飞沙走石，整个天变得像黑夜一样。捂住口鼻等沙尘暴过去，嘴里都是沙，不知道这个沙是从哪里进去的。当时干的活就是铁路员工的活，推小车扛枕木，我抬过的最重的树要八个人抬。这个树重到什么程度呢？站起来一步都迈不开，仅仅站起来，汗就啪啪地掉下来，这个汗不是热的掉下来，是压的掉下来，还有上跳板。这样的活我都干过，所以当时跟那些工人们混得很好。有时候突击要混凝土灌浆，从六点一直连续干到十二点，回到工棚，一人一瓶啤酒喝下去。探亲回到上海，以及途经那些大城市，看看四通八达、延伸到无穷的铁路，其中有自己的一份功劳，很有几分自豪感。

在工程队劳动的这些岁月，以及后来当中学老师，当小学老师的这些岁月，形成了我的平民意识。

3. 研究生

1978年考研究生。我之前多次调动未果，只好考研究生。在研究生阶段应该是我人生的又一个转折点。首先是专业，我选择的是科学技术哲学，当时叫自然辩证法，为什么选自然辩证法呢？原来学的化学基本上都忘掉了，在东北的时候空余时间总得学点东西，这应该是家教形成的习惯。我父亲是医生，在业务上每天耕耘不止。不过在“文革”期间学什么呢？学什么东西今后一定是有用的呢？不清楚。那就哲学吧。可是一般意义上的哲学又太难太抽象，所以当时就学了恩格斯的《自然辩证法》、《反杜林论》，等等。1978年就考了自然辩证法，在学自然辩证法的时候，遇到了一些非常出众的同学，给了我比较深刻的影响，当时我们这些同学一起讨论关于中国改革的问题。当时不仅看专业刊物，而且看文学杂志，有《十月》、《当代》、《收获》和《钟山》等等，我们每个人看一本，看完以后互相交流，当时就了解了伤痕文学，就是人性的一个觉醒。“文化大革命”走出来的这个伤痕文学就相当于文艺复兴运动从中世纪走出来一样，是人的解放和自然的解放。伤痕文学意味着主体意识的觉醒。我不知道现在的研究生们是否还看这样的“闲书”，以及现在主要是哪些读者在看这样的文学刊物。

研究生期间受到的教育是中间层次的训练，既是原来化学的提升，又不是纯粹的哲学。所以我觉得我上科学技术哲学和自然辩证法大概跟我一方面从事实和规律出发，另一方面具有一定的思辨能力是完全一致的。

4. 思想解放

整个八十年代是思想解放，刚才我们几个老师一路过来的时候还谈起四川出版社当时的一套丛书，《走向未来》丛书，说起八十年代整个改革开放的过程中对自己影响最大的是什么，是《走向未来》丛书，这个丛书起到了启蒙的作用。我觉得当代中国还需要重新或者继续启蒙。到了南京工学院，现在是东南大学，正是经历中华民族难得的思想解放。另外，到了东南大学，我原来的化学中的哲学问题，就有点不适用了，在东南大学就扩展到科学史，在思想解放的浪潮中，我又把科学史扩展到文化背景。这样在东南大学的八十年代，我把我的研究从化学中的哲学问题扩展到科学史及其文化背景。

5. 90年代之后

90年代，我们这个系有一个重大的机遇，我们在江苏和广西办了多期面向领导干部的研究生课程进修班。这几期研究生课程进修班，对我也有很大影响，其中最重要的就是，了解了一个比较真实的中国。上一次我在大礼堂讲中国改革开放的三个阶段，里面的很多事例是从这些官员嘴里听到的。90年代，我开始关注STS、科学技术与社会的关系，特别是科技革命与中国社会转型这个问题。

到了世纪之交，整个世界在空间上进入全球化时代，在时间上进入知识经济时代。在这个过程中，一方面我的视野进一步扩大，由科技哲学，譬如说"熵"来理解全球化，由科学精神来理解WTO；另一方面主要关注了知识论，发现通过知识论这个角度能够把我自己以往的全部研究综合起来。大家可以看到，在这次的系列讲座里面，知识论是一个主要的线索。

最后，从2008年金融危机到现在，我从科技哲学、产业哲学的角度切入，做了一些研究，研究结果发表到了《河南社会科学》，然后又发表到网上，中海油在网上看到了我的文章，邀请我去他们总部给他们讲金融危机，后来我在很多场合都讲过金融危机，跟经管学院，跟中国银行从金融角度讲的视角完全不一样。到现在关注后金融危机时期的世界与中国。应该说是"与时俱进"吧。

就这样，从本科毕业到现在退休，这就是我的经历，以及就由这样的一种经历所导致的我的研究内容上的相应的一种变化。我想我们在座的各位都会遇到或者已经遇到很多很多的东西，能不能也这样，回过头来判断自己走过的路。

6. 伴随一生的音乐和旅游

我喜欢音乐，特别是喜欢古典和浪漫时期的音乐，大概也就是从海顿到巴赫到19世纪门德尔松或者到肖斯塔科维奇，去掉两头，喜欢中间的那一段。我喜欢旅游，到目的地首先考虑有没有什么好玩的地方，我跟外语学院的老师一起到广西去上课，他主要在于吃，我主要在于玩，甚至去过当时还没有开发的乐业天坑。曾经喜欢过一段时间文学，但是现在没有什么时间关注文学。

我想我走过的路，几个重大的关节点大概就是这样。前面说过历史与逻辑的关系，不知道此刻的我，能不能把历史压缩成逻辑，把它们整合以及凝聚在我的身上。

二、没有……就没有……

已经去世的东北大学的陈昌曙先生讲过非常精彩的几句话："没有基础就没有水

平，没有特色就没有地位，没有应用就没有前途。”后来他的学生陈凡又加了一句“没有开放就没有进步”。

1. 没有基础，就没有水平

这一点我的理解是，其一，就是站在前人的肩上，站在巨人的肩上，这一点毋庸置疑。其二，更重要的是，真正把前人、巨人的思想变成自己的东西，成为自己的基础。

1981年年底，我到了东南大学，一开始让我到药科大学去上自然辩证法，东南大学校内没有课，要到药科大学去上，每星期只有两节课。对于这两节课，我是怎么准备的呢？我要准备六天半的时间，写成可以上两节课的教材。两节课上完之后，肚子里就全空掉了，回来再备六天半。用六天半的时间，一定要在这两节课里讲出我自己的东西。当时就借了很多很多自然辩证法的书，大概有几十本，从中就逐步形成了自己的想法，形成了自己的观点。我的要求是，每一次课的内容都要准备到可以发表论文的程度，这样才有价值，对我来说有价值，对学生来说，他们才能接受到新的东西。我坦率地承认，我并没有那么多的“格尔”的基础，但是有对新意的要求，通过对新意的追求，打下了真正属于自己的基础。

经典著作一定要读懂读透，用现在的话来说，就是要“吃透精神”，变成自己的东西，成为自己的基础。

2. 没有特色就没有地位

“特色”，指什么？一般情况下，特色，就是当有人在闲聊中说起吕乃基时，有人会回答，哦，我知道，他是做科技哲学的。再精确点，是科学与文化的关系，或者中国社会转型，还有知识论……“特色”，就是在学术上，或者说在“业内”，别人在第一时间会怎样提起你。

对这句话我的理解是什么呢？特色不是刻意而为：我一定要有个什么特色，我的特色是什么？而是在研究过程中逐步形成的，正如我上星期五在大礼堂讲的：“中国特色究竟是什么？中国特色体现在这条道路上，中国特色不是预先设定的，中国在不断的变迁和发展之中。”所以如果要问我的特色的话，那就是从科学技术本身发现有价值的问题，而不是从外部强加给它。我的特色还在于科学对这些文化背景的理解。如果说，相关的知识大家都有，那么我的特色在于前面说到的理解的视角，尤其是我对音乐的喜好。在我的那本书《科学与文化的足迹》里面把音乐文学特别是文学都揉和进去。

再进一步看，可以看出在背后支撑特色的东西，主要是价值观和方法论。价值观是，为什么是这样的特色？关注中国的现实，同时把中国的现实放在历史潮流和世界格局之中。

方法论在于,特色是怎样形成的。

特色会有所变化,譬如说由科学与文化的关系,转移到科技革命与中国社会转型,扩展到全球化,深入到知识论。

今天下午还谈到了托克维尔的那本书。现在的学者关注的都是后资本主义,但是中国这个刚刚发展起来的一个国家,更应该关注资本主义刚刚兴起时候的作品,包括德莱塞或者是狄更斯或者是雨果等等,对资本主义刚刚兴起的时候的批判,正是这种批判使得英美的文学逐步拥有了人文的气息,摆脱了对于经济、对于市场、对于物的依赖,逐步达到了人的高度。当代中国,当1978年以经济建设为中心,发展到现在GDP第二的时候,现在是该提升人性的时候。“GDP你停一停,等一等你的灵魂”。在关注当代西方学术前沿之时,还有必要关注十八、十九世纪的哲学、法学、文学作品,他们的音乐等等。这一点实际上体现了我学术研究的另一个特点:关注中国的现实,同时把中国的现实放在历史潮流和世界格局之中。

由此形成我学术研究的另一个特点:交叉。因为研究领域的扩展,往往可以从一个领域看另一个领域,发现如果单独看时发现不了的问题,这有点像“不怕不识货就怕货比货”,从而既举一反三,又融会贯通。不仅是横向交流,而且是纵向比较。既有哲学视野,又立足于现实;前者保证不致一叶障目而迷失方向,后者使研究始终具有事实的基础,并且与时俱进。

3. “没有应用就没有前途”

各位同学有的可能不相信,我从教或者从事科研这一辈子没有拿到一个国家项目,屡战屡败,真是惨不忍睹。我申请不成功不知道是什么原因,不知道是规划做得不好,还是什么原因。这里面还是要有一定的技巧,我就没有这样的技巧。但是反过来正是因为没有拿到一个国家的课题,所以我能做自己想做的研究。所以我的这条道路,不仅仅是我自己选择的结果,而且是整个社会选择的结果。拿到课题,那个课题就会左右你的行程;拿不到课题,我能做自己想做的事情,不见得拿不到课题就不做。虽然我没有拿到课题有点遗憾,但是我也有点庆幸,我忠于我自己的东西,听从内心的招唤。

其实,“应用”的含义很宽,可以是课题,邀请讲座的单位出题,刊物约稿,学生和听众的需求也是重要方面。生活在社会中,“不是一个人在战斗”。只有把自己的研究和社会的需要结合起来,才会得到社会的认同和支持。不过,在现行的科研体制下,还是衷心祝愿各位拿到课题。

4. “没有开放就没有进步”

可以从两方面理解“开放”，其一是空间，横向拓展研究领域，譬如由化学史—科学史—科学与文化的足迹—科技革命与中国社会转型—WTO等。其二是时间，就是与时俱进。2001年接触WTO也可以说是时间上的拓展。还有2008年关注金融危机。

在适应社会需求和开放的同时，必须保持自我，不至于被外界牵着鼻子走，倾听内心的招唤。在开放的同时，注意找到越来越大和看起来风马牛不相及甚至相左的内容，背后深层的一致性，随时加以整合与提升。现在，知识已经成为我统一各种领域的“基础”。

一句话怎么表述，其形式几乎与内容一样重要。“没有……就没有……”，这是一种什么样的表述方式？双重否定。类似的表达最著名的大概是“己所不欲勿施于人”了。有不少人专门讨论孔子为什么不说“己所欲施予人”呢？现在世界上的乱象或许有一半就是因为“己所欲强施予人”吧。“没有……就没有……”，这样的表述意味着前者是必要条件，不见得“有了A”，就一定“有B”。还需要有充分条件，譬如说“听从内心的呼唤”，以及整合自己的知识库。

没有基础就没有水平。经典，只有转化为自己的东西，才成为基础。

没有特色就没有地位。特色，非特意而为。在外部环境下，充分发挥自己的潜力，就会形成自己的特色。“特色”必须与社会，尤其是个人身处的小环境兼容。

没有应用就没有前途。面对应接无暇的需求，要倾听内心的召唤。

没有开放就没有发展。在开放之时，要有一致的基础，融为一体。

三、学术资源

说一下我的学术的资源。所谓“学术资源”，就是接触到未知领域时，可以动用我的哪些知识储备，由什么途径可以从已知到未知，以及最终可以怎样把未知变为已知，来进一步扩展我的学术资源。

这大概就是我在前面说过的“知识之树”。这棵树放在我身上是怎么理解的呢？我怎样调集这棵树上从根须到树梢的营养，又怎样让这棵树继续生长？

1. 选择目标

首先是研究目标的选择。为什么是“这棵树”，为什么在这棵树上长出了这样的分支？在大多数场合是基于两个方面的考虑，一方面是学术研究中本身发现的问题或新的领域，譬如我在十年前进入知识论领域；另一方面是现实提出问题，如社会转型、金融危机等。重要的是建立起两方面的联系,以现实问题充实我的知识库,以学术研究揭示现实问题背后的深层因素。还有一些情况是社会提出明确的目标,如WTO和诚信问题。我对WTO本来一无所知,现在WTO已经成为我学术资源的重要组成部分。我对诚信从来不感兴趣,因为这里面与传统文化的瓜葛,与意识形态的牵扯,以及我一直认为制度更重要。一旦介入之后,不仅大大扩展了知识库,而且在相当程度上纠正了我过去的偏见。这里就说明了前面所提及的第四个"没有……就没有……",没有开放,就没有进步。不过,开放的领域最终要整合到自己的学术资源之中。目标的选择属于价值观领域。

在选择研究领域时我想更多地关注中国,同时也是不得不更多地关注中国。丹皮尔说,世界各国,只有德国人在开药方时会意识到这个药方和宇宙图景有关系。模仿丹皮尔的句型,世界各国,恐怕只有中国,每个人的命运是如何紧密不可分割地跟国家在一起。你躲得掉吗?你不关心国家光靠自己行吗?另外,作为中国人,位卑未敢忘忧国,这是一份责任,一份担当。作为中国人,一方面是自己的命运与国家紧密联系在一起;另一方面,中国实在是多灾多难,几千年漫长的封建社会到现在,改革开放三十几年到现在我们依然看到还有那么多的不确定因素。

所以,我的价值观是:第一,中国的道路和个人命运不可分。第二,我一再强调,一定要有新东西,我对这点非常重视。第三,我希望我的这些知识能够共享,这几次所谓的"精华",特别是今天的所谓"认识我自己",我觉得我豁出去了,怎么也得把自己的东西整理一下,我不知道整理出来像不像样,但是我想这些东西会对大家有点用。第四,我喜欢旅游、音乐。旅游和音乐是我自己的人生不可或缺的组成部分。

总体而言,以我的价值观引导我的研究。研究什么,怎样研究是本体论、认识论的问题,以本体论、认识论为价值观奠基,以价值观引导研究,这就是我的所谓"真善美"三个环节。

2. 本体论地基

一旦确定目标,接下来就是如何照料、看护这棵树的生长了。一切从"真"出发,从"事实"和"规律"出发,事实和规律是我的知识之树的根基。所以我把我的研究以本体论作为第一位——世界究竟是怎么回事情,在这个基础之上,再考虑我以什么方法认识它,以及文章怎么样做得更加漂亮,等等。所以我的学术研究以"真、善、美"为它的次序,以"真"为基础,以"善"和"美"作为一种引导,为什么做这个,为什么做那个。本体论最终为价值观奠定事实和规律的基础。

在我的研究中,所谓的"真",主要是从两个方面来理解:一个是从存在的角度,一个是从演化的角度。

（1）存在的视角

① 纵向

第一，从存在的角度来理解，我的这些"资源"可以供各位参考：量子阶梯—三大关系—需求层次。这一个阶梯无论是放在存在的领域、认识的过程还是放在人类社会都是普遍适用的，这就是我第一堂课谈到的内容——量子阶梯。我还谈到了人的三大关系：人与物的关系、人与人的关系、人与自身的关系，三大关系又相应于马斯洛的需求层次。从生理需求到心理需求，这是从存在的角度放之四海而皆准的阶梯。

沿量子阶梯由下而上的规律性变化，这非常重要。这棵知识之树，底下是根，越往上，越多样化，越个性化，越变化，越测不准，越彼此之间纠缠等等。

第二，从关系的角度来理解对象，关系可以从两个角度来理解，一个是在量子阶梯上，那就是上向和下向因果关系。上向和下向因果关系具有普遍意义，可以适用于讨论科学与文化的关系，讨论两种文化彼此之间的关系；可以讨论对象——世界1；可以讨论知识——世界3；同时，可以讨论人——世界2。很重要的一点是，量子阶梯在三个世界的普适性。

② 横向

另外一个关系可以从横向的角度来理解，那就是功能耦合。社会中的经济、政治、文化的功能耦合，产业链各个角度、各个位置上的功能耦合，此刻我跟我们在座各位之间的功能耦合。那么为什么功能耦合会演变，因为有些东西没法耦合。当代中国有太多没法耦合的功能，我们的积极性耦合到哪里去？难道只能耦合到课题里面去吗？大学生毕业找不到工作到哪里去耦合？中小型企业贷不到款耦合到哪里去？银行的款不敢贷出来，充当准备金等等。当代中国有太多不能耦合的因素，关键的最重要的不能耦合的因素就是人的积极性，所以我感觉到美国的"龙飞船"对我们有太多的教育意义，藏富于民，藏什么于民？最重要的就是创造性，每个人有自己的动力，这是一个社会最强大的最可贵的财富。中国现在的制造业似乎完全超过美国，但是一旦有战争，美国三个月，一艘航母就可以造出来——藏创造性和发展的动力于民，这才是一个根本。

我觉得如果从存在的角度把这几点牢记于心，那么在研究中就不太容易出大的问题。

（2）演化的视角

如果存在是从空间的角度来理解世界，那么演化就是从时间的角度来理解世界，我们可以从哪些时间的角度来理解世界呢？我想大概可以有以下的几条：

第一，螺旋式推进。从宇宙的演化过程我们可以发现，它确实是螺旋式推进的。请在座的各位注意这一点，无论是量子阶梯也好，还是螺旋式推进也好，还是里面的所有的内容，一切的观点都来自于自然界本身，也就是说“真”。

第二，黑格尔的“否定之否定”，马克思的“两条道路”。我认为“两条道路”的意义远远超过我们原先的理解，它不仅仅意味着认识世界可以有两条道路，实际上事物的发展，特别是人类社会自身的发展，就是走两条道路。现代性就是对传统社会的否定，而后现代又是对现代的否定，这两个否定就是两条道路。

第三，知识之树，怎么样从根须到树干到树枝到枝叶。

第四，普里戈金耗散结构理论的分岔图。在我的博客里有好几篇用分岔来理解人生，理解人生彼此之间的关系，我有一篇文章是现在想写而一直没有写的，这篇文章的题目现在我不知道能不能公开，有点隐私的味道。跟朋友的交往，以及婚姻是一棵向两头生长的树，一头跟自己的太太或是先生沿着这棵树合在一起向前生长；一头在往前长的同时，向过去回溯，看看，我们现在的分歧原来是小时候形成的，眼下在这一点或那一点上的不一样，原来是那个时候形成的。这就是越往前走，需要越往回看。

第五，边界的推移。整个科学与文化、两种文化，以及整个社会都存在两种文化之间的边界的推移。这个边界的推移看起来好像是科学文化向人文文化的推移，但同时在实际上也是人文文化向科学文化的推移，边界的推移是双向的。为什么是双向的呢？还是一开始说到的上向因果关系和下向因果关系。有学者说科学文化欺凌人文文化的时候，他没有看到另一面。作为本体的知识与世界 1 和世界 2 是对应的，或者说是某种映射的关系。世界 2 和世界 3 的所有这些东西都来源于对自然界的理解。在座的各位如果能在本体上把握这样的一种演化，那么我们看事物基本上不会差太多。

3. 认识论和方法论

再谈谈我的认识论和方法论。在座的研究生们都比较清楚马克思的两条道路，从现象开始逐步地回溯到本质，然后从本质回过头来再讨论你所要讨论的那一类对象。可以这样从整体上来构思一篇论文，用两条道路来引领文章的结构和逻辑关系。

对于任何对象，我们都从两个角度来理解，从时间和空间这两个角度来理解，对任何你要考虑的对象，都考虑一下在空间上还有什么事情和它相关，在时间上它怎么演变，这是两个必备的视角。

尽可能多的联想，尽管采用逆向思维。不知道各位记不记得，我在前面讲到亚里士多德，讲到自然和人类的技艺一样，是为了一个“未来的、然而在存在的次序上却是在先的善所吸引的有目的的存在”。这句话的另外一半是什么，当你找到另外一半的时候，这就是逆向思维。比如说SSK知识的社会建构，这句话如果你逆向思维，那就是社会的知识建构，知识在社会中，通过社会的影响逐步形成，但是社会难道不是在知识形成的过程中形成的吗？再比如黑格尔说的：“在历史上是在先的，一定要成为科学上在先的。”这句话我们通常都是在唯物主义的角度把它改写了，实际上这句话本身就是人的生成过程。在历史上最新的东西就是在学科上最新的东西，在知识上走向最新的同时也就是人生成长的过程。世界3的演化过程就是世界2的成长过程。你所拥有的知识积累、扩展的过程就是你自身作为一个人的成长过程。

此外，我喜爱音乐，音乐对于我的联想和逆向思维同样起到非常重要的作用。听到一句话，往往就把这句话的节奏提取出来了，然后再通过这句话的节奏联想到另外一句话。我现在一下子也想不出具体的例子来，但实际上音乐在相当程度上促进了我的联想能力。这个联想是什么意思呢？就是我有自己的知识库，从外面接受到新的东西，我有一个想法，我能不能把这个想法激发出来，我的知识库里的那些存储能不能方便地调用出来，所以联想就是一个可以随意调动自身知识库的一个能力。

(1) 思维要松弛

再说一下思维的松弛。想起列维-斯特劳斯《野性的思维》。我一再强调过，让各位看列维-斯特劳斯《野性的思维》，还有列维-布留尔的《原始思维》。我们现在正在进入，或者已经处在后现代，至少在学术研究上似乎已经这样了。刚刚不是说过，越往前走，越要回头看吗？进入后现代要看前传统，前传统可以给后现代有相当的关照。在列维-斯特劳斯的这本书里，他说：野性的思维与开化人的抽象性思维不是分属“原始”与“现代”或“初级”与“高级”这两种等级不同处于不同阶段的思维方式，而是人类历史上始终存在的两种互相平行发展、各司不同文化职能、互相补充互相渗透的思维方式。艺术活动与科学活动分别与这两种思维方式相符。野性的思维既不是野蛮人的思维，也不是原始人或远古人的思维，而是未驯化状态的思维，以有别于被教化或被驯化的思维，它是现代理性所遗忘了的一种遥远的意识形态，是对另一种形态的“理性”的发现。

相当多的人就是在进入现代之后把他的野性思维抛掉了。逻辑思维、抽象思维的发达不能以抛掉野性思维为代价。数学是逻辑的抽象的，但是对物理概念这样的直觉，野性思维、发散、联想和逆向思维，这是一种未驯化的野性思维，会发挥巨大作用。

我在前面说过了，我的基础不行，没有看过很多“格尔”，但也许是因为没有看过很多“格尔”，在我的身上保留了相当多的野性思维。我的野性思维恐怕很难经得起有过严格哲学训练的研究者的质疑。我参加过一次他们的沙龙，在会上抛出了“科学家的原善”，被他们批得体无完肤。在这个之后，我逐步完善了到底什么叫做科学家的原善。从一个课题到另一个课题的过渡和衔接需要有野性思维，完善这些课题本身需要逻辑思维。所以我这里强烈地希望在座的各位能够保持、发扬、发展自己的野性思维，不要被那些严密的概念捆住了自己的手脚。

(2) 思维要紧绷

我印象最深的是某一次因为各种各样的事情赶在一起了，要求我在一星期内评阅五篇博士论文，每一篇博士论文十五万字，五篇有七十五万字或者更多。如果是一百多万字的金庸的小说那不在话下，两个晚上就看完了，而且可以把情节都讲出来，但是你读这些博士论文，而且是哲学的博士论文！在看这些论文的时候，神经要高度紧张，要仔细查看：文章中有作者自己的东西吗？有新观点吗？有错误吗？在看这些论文的时候，自己的思维一直是一把非常严格的卡尺，量一量，文中什么地方有问题，什么地方没问题。特别是有时候在网上评审各种申报成果，申报者把自己的东西说得天花乱坠：“我这个东西不搞国家就完了！我这个东西已经达到莫言的水平了等等。”还有他得到什么权威人士的认可之类。所以你得保持一种非常强大的内心世界，所以松弛难，从这个角度来看紧绷更难。看任何东西，像我看其他人的文章，听别人说话、开会、讨论，脑中有资本，心中有霸权。

有人说现在是读图时代，什么叫读图时代？比如用文字符号和逻辑关系写成的文章，还能不能说清楚事情，特别是我们如何用现代的一些确定的概念来描述后现代的强调关系和涌现这样一种思想呢？我们不得不把一大堆互相矛盾的概念放在一块儿，我想在座的各位都有这个体会，你去看那些后现代的文章，看得懂吗？有一幅漫画：夫妻俩去参观一个后现代派的画展，参观一圈以后，先生指着墙上的“EXIT”，说别的我看不懂，我只能看懂这个，我们走吧。现在是肥皂盒、小便池都可以成为艺术品。

读图，现在是一目十行，看不懂文字，你读图。读图是学人的哲思，是学人的历史的校验。波普尔说人的眼睛是探照灯，做一个有霸权的解读者。在看一篇文章时，与其说我们在看这篇文章的好坏，不如说它在审视你，考验你的智力和知识储备：你看得懂吗，你看出我错在哪里吗？所以看什么，不看什么，你看到了什么，从什么角度看都有赖于你脑中是否有资本,心中是否有霸权。松弛难,紧绷更难,当然做名女人更难,是吧?

(3) 松弛与紧绷

当你在评阅论文,在挑错的同时,你要发现创新的地方。你在排除那些附加累赘叙述的同时,随时要准备吸纳。所以"紧绷",不是刚性的不差毫厘的卡尺,而是有空隙的细胞膜。上次一位南农的同学给我的信里就谈到细胞膜,我也有这个想法,在他来信以前,我们想到一块去了。人就是一个细胞膜,边界不能封闭,这个边界是能够透气的,能够进来,能够出去。细胞膜处于流变之中,"与时俱进"。可以在此时此地"柔情万种",而在彼时彼地坚如磐石。每个人的松弛和紧绷都不一样,每个人都有他自己的细胞膜,这个细胞膜是他自己独有的东西,是他自己的隐性知识,意会知识,是他的虚数,是 i。所以实际上每个人的思维方式都有个性,都有自己的独特的生命,你自己要去呵护属于你的特定的思维方式,浇灌这样的一个生命,使它能在你的成长过程中吸收更多的东西有助你的成长。这就是紧绷和松弛的关系。

4. 我的不足

第一,我的基础不够扎实,这是我必须再三强调的,所以我的文章,我的申报课题拿出去,人家就会说你看过什么书吗?你看过西方最新的什么成果吗?引用了多少外文资料?所以基础不扎实,对西方的成果研究得比较少。所以一次也没有中标,也不要怨天尤人,那就是自己基础不扎实。第二,特色不明显,上世纪八九十年代,我讨论研究科学与文化的关系,那么后来我的特色在哪里?知识论?中国社会转型?算特色吗?还有科技黑箱,虽然高考题目出了,但是算不算技术哲学呢?等等。特色不明显。我做的比较宽比较泛。第三,我的研究动力不强,不像我们系里面有的老师,他能够面壁,能够舍弃一切,这样的研究我做不到,大概只是在我第二次走出复旦校门,六天半备课那个时候还能做到,后来就达不到这样的一种高度,这里面就说明一个什么问题:就是研究、课题、科研与人生的关系。科研或者专业只不过是人生的一个部分,它不能够成为人生的全部。今天我的反省,仅仅是反省科研的方面,我岂敢反省我的整个人生,认识我自己是不可能的事情。我的研究的动力不强,现在退休了以后就更不强,我做得不够专注,这一点绝不是我的所长,希望在座的各位更加专注,更加有特色,更加聚拢。

四、我的最爱

学术研究不会陪伴我的一生,但是音乐和旅游本身就是我人生的组成部分。

下面要说一下我最喜欢的音乐或者其他的什么“最”。我本来想把这些音乐做到我的 PPT 里面，但是我在技术上还差了一点，没有弄成。一个是莫扎特单簧管协奏曲，在座的有听过的吗？非常宁静，你在任何心情下听到莫扎特单簧管协奏曲，顿时就安静下来了，肖斯塔科维奇的浪漫曲让你潇洒走一回，维尼亚夫斯基变奏曲里面的一个片断大概就是一分钟，写得特别好，但是实际上在这个特别的一分钟里面也有败笔，其中有几句乐句我认为是败笔，它就是在天马行空的过程中，有几句又回了它自己固有的模式上去了。还有“黄昏鸟声”，我曾经在八十年代，或者七八十年代偶然听到过一次，以后再也没有听到过了，各位哪一个可以想办法帮我把《黄昏鸟声》这个曲子找来，我太感谢了。我在我工作之余也就喜欢到玄武湖公园走一圈，然后在那个长廊我就会吹口哨，吹《黄昏鸟声》。遗憾的是，我在南京艺术学院上过课，都没有弄到《黄昏鸟声》的这个音乐，这是个非常美丽的小品。

我觉得最摄人心魄的旅游是张家界。无数如雁荡之峰，放眼看去，浩浩荡荡，无边无际。静止如岳，却又如波如涛，滚滚而去，直至天际，消融于苍穹；又滚滚而来，迫近我的眼前，却又戛然而止。不，群峰既未去，亦未来，而是伫立于斯千万年，等待着人的降生，人的发现……此时，周围熙攘的人群已然隐去，唯独我与自然心灵的沟通。

人追求变化，却震慑于静止的力量。此刻，以人生之短暂视岁月之沧桑，我感到自己的浮华与急躁。

人渴望对话，却震慑于沉默的力量。沉默，语言终止之时，思想开始之际。沉默并非沉寂，而是思绪的奔涌和心灵的交流。面对无语的群峰，我感到自己的浮躁与浅薄。

这是从大的角度来看，从小的角度来看，在一个小小的池塘边。

在荡漾的水面上，月亮或分或合，忽圆忽扁。不知是水波调皮拨乱了月亮，还是月亮调皮在水波上嬉戏？

自然界、音乐每时每刻都给我启迪。

五、接力棒：下一步可以做的题目

最后说一下，我现在想到的几个可以做的题目：比尔·盖茨和乔布斯的创新比较；技术理性的层次，如功能价格比，什么是功能？两条道路的本体论、认识论和价值观含义。

1. 比较比尔·盖茨的创新和乔布斯的创新

第一个，比尔·盖茨的创新和乔布斯的创新究竟有什么区别？我在前面强调过比尔·盖茨的创新是在知识树的底端，接近根部，因此，他的知识的源泉来自于纯粹的科学技术，比如说C＋＋语言、李代数等等。他的影响是知识之树在他的上面部分，这就是上向因果关系。用到他的系统、源代码，都要留下"买路钱"，当然不是"通吃"。那么乔布斯的创新在哪里？在知识之树的顶端，在上面的枝叶部分。乔布斯的创新的源泉不是来自于科学技术方面的原创，而是来自于社会的需求，把更多的东西集成在一个终端上，更加方便，以满足个人的多样需求。比尔·盖茨有一个源代码看起来可以一直吃下去，影响微软的创新动力；而乔布斯去世后，他的"苹果"如果想保持现在这样的位置的话，他就需要不断地推出新东西，"苹果"的iPhone5过去了，大家又在期待新的东西了。比尔·盖茨的创新做成的产业链与乔布斯的"苹果"有什么区别？比较这两个案例在一个知识之树上面的不同位置，它的创新途径、创新源泉、创新应用，它的产业化，这是一个非常有价值的题目，我记得我在九龙湖焦廷标馆的一次讲座里讲过之后，问里面的本科生和研究生有没有人愿意和我一起做这个题目，当时有一个同学说愿意做，这是几个月以前的事了。但是我现在已经失去了这种冲动了，你们自己有谁愿意做的，如果你愿意做，如果你做的过程中愿意跟我一起讨论，可以一起讨论，这是一个有价值的题目。

2. 技术理性的层次

我们都在批判技术理性，批判里面的计算，其实你看功能价格比，功能指什么？我在秦咏红的博士论文里看到了很多对于功能的细分，首先是人的安全，第二是控制，第三是可靠，还有维修等等。功能是有层次的，类似于马斯洛的需求层次。在功能的层次中，难道都可以归为技术理性吗？在功能的层次中，我们就看到了人文文化，看到了价值观。譬如说，在诸多功能中，究竟把什么放在第一位？我们跟着西方后面批了那么久的技术理性，难道仅仅是技术的问题吗？

3. 两条道路的本体论、认识论和价值观含义

两条道路关系到一个社会、一个人的生成过程，这些东西都是今后值得进一步去做的。

我的精华十讲讲到现在也该收场了，为什么会有精华十讲呢？看起来好像是宴会上的一次冲动，实际上是：我九月份退休了，退休了之后做什么呢？退休了之后还有一个惯性，我觉得自己还有一些东西还没有讲清楚，这样的一种冲动就成就了"精华十讲"，讲到现在这个冲动大概就告一段落了，当然今后还会有新的冲动。

又想起分岔图。退休大概又是人生道路上的一个分岔，我期待着退休之后还能够有新的分岔，而不是一路往下一眼看到底，那多没意思！看下去还有新的分岔，还

有无限的可能，这才是有意思的事。我在“论后现代科学”里面写过时间箭头，我们每一个人都有自己的时间箭头，此刻在我们交往的时候，你的时间箭头和我的时间箭头就有了交集。交往之后，接下来各奔前程，你的时间箭头中已经包含了我的时间箭头，而我的时间箭头中也包括了你的时间箭头。通过这种时间箭头的会聚和分离，每个人都携带他人的一部分生命。

我对自己的认识大概就是这样，总体而言，不过如此，不要太当真，好，谢谢大家！

提问与探讨

请大家提问，有什么感兴趣的问题只要不涉及我的隐私，我们可以多谈谈。

王兵书记：

今天听完了吕老师的精华十讲。

很遗憾啊，跟吕老师共事了三十多年，应该说彼此之间还是相当了解的，但是还是很少系统地比较完整地听吕老师的演讲，对吕老师的学术风格和思维特点也有一定了解但了解不深。这一次我是比较认真地听完了吕老师的演讲，十讲我听了八讲，算是比较多了。听了之后，认识到吕老师的学术风格和思维特点，我发现吕老师的学术风格和思维特点就像刚才吕老师自己谈的。我理解有两点：第一点是开放性和发散性，吕老师的思想不拘泥于一个封闭的思想体系，而且他的视野很开阔，涉及面很广，吕老师的专业是科学技术哲学，但是我们看他的涉及面以及他的研究远远地超出了他的学科，这是他的一个特点。第二个特点是跳跃性，吕老师不刻意追求逻辑上的严密，不刻意追求点与点之间的推移过渡，他是不断地跳跃，在跳跃的过程中不断地有思想火花的出现，不断地迸发出一个个美丽的珍珠。

我一般在听学术报告或者开会的时候有一个习惯，就是喜欢闭目养神，就是处在半迷糊半清醒状态。因为一般的报告有价值的东西不是太多，偶尔有一点火花闪现，那半清醒状态就能捕捉到，或者有的报告它的逻辑关系非常严密，听到这一点就知道它下一点要讲什么。但是听吕老师的报告不是这样的，吕老师不断地跳跃，所以绝大部分时间，我都是很清醒的。吕老师不断地有思想火花闪现，不断有珍珠迸出来，我怕我一迷糊，就接不住了，所以听吕老师的报告感觉到受益很多。在吕老师的这十讲里散落着许多的珍珠，如果我们用线把这些珍珠穿起来，就是美丽的珍珠项链。但这条珍珠项链不是闭合的而是开放的，它会不断地延长，所以吕老师讲的不是结束，而是一个关节点，就像吕老师希望后面不断分岔，这个珍珠项链会不断地延长下去，当这个珍珠项链越来越长，就会形成一个复杂的空间结构，形成一座美丽的珍珠塔，我们期待着这个珍珠塔的建成。让我们再次用热烈的掌声感谢吕老师的精华十讲。

还有同学要提问吗？

（1）提问者：我想问吕老师，“认识我自己”是一个很古老的哲学问题，在西方是用解构主义的思想来认识自己，就像西方的科学一样，从简单到复杂。而东方比如说禅宗，比如道教与老子，它与西方是不一样，您认为认识我自己的“认识”是可知的吗？是可以认识的吗？还有认识我自己它主要的意义在什么地方？

吕：认识我自己到底是依靠东方还是西方的路径，认识我自己到底有没有什么意义？我想先反问你一个问题：听了我这个讲座你觉得有意义吗？

提问者：我觉得有意义。

吕：什么意义呢？

提问者：吕老师是学理工科，然后转道搞人文，我也是学理工科的，但是对人文主义比较感兴趣，所以来听，我感觉吕老师有的思想和我的思想是重合的，“我的生命中带上你的一部分生命”就是这样，意义就在这里。但是它作为一个传统的哲学问题，它的终极意义，比如从哪里来到哪里去，在这个方面，认识我自己的一个综合的意义在什么地方？

吕：我觉得如果我讨论认识我自己这些事情通通无所谓，通过刚才这一番剖析，我对我自己的认识更清楚了，下一步我就在我这一步认识的基础上再往上跨，也就是说我整个的立足点又高了一层，同时，在我认识我自己的过程中，我自己也就进一步成长了。所以我经由的途径不是西方的也不是东方的，是终极关怀，还是解构，我觉得这不重要。

提问者：也就是方法不是目的？

吕：你能够用什么方法解剖自己，能够解剖到什么程度，那你就怎么做。我觉得不要事先给自己画一些框框，比如说，我今天能够讲到哪一步，我今天算是认识我自己了吗？如果没有，难道因此我就不去认识我自己了，不去做了？这些不要介意，你走起来，你慢慢地认识了自己了，同时自己也在一个发展的过程中。你认识自己就是相对于你自己的世界3的发展，世界3跟你的世界2是同步发展的，在这个过程中，你自己就清楚了，所以不一定走我的路，走你自己的路。

（2）提问者：八月十八号自从见到吕老师，第一个就是讲科学家的原善，我当时在笔记本上写了“高山仰止”这四个字。我现在才研一，在河海大学读研，好多东西都不知道，我是从学电的弄过来……

吕："弄"过来？听起来比较有味道。

提问者：好多人觉得这是跨专业，科技哲学，像科学技术这一块，我去南大听讲座的时候发现，那里的研二研三，其中只有一个是从文科升上去的，其他的都是在学了比如数学、生物或者其他的什么学科才转到这个专业的。

"认识我自己"是对精华十讲的一个总结，这十讲我听了九讲，吕老师很真诚地对我们讲述了他走过的路。这不是一个结束，这只是另一个阶段的开始。学其他的技术比如电气技术可能会过时，但是哲学历久弥新。今天来这儿是被智慧的火花和光芒吸引来的，回去做研究，依照两条道路，现在不管是工科还是人文的研究跟以前的都不一样了，现在从思维意识上去研究包括人机合一等等，我想我如果有可能会去做这方面的研究。

吕：你肯定要发挥你的特长，我当时是一步跨过来，这是当时"文革"的背景决定的。很多东西都是当时的环境促成的。现在的环境比我当时要好得多，你的工科基础也比我当时的化学基础强得多，完全可能在你现在的知识基础之上继续来研究哲学问题，不要把你原来的东西抛掉。

提问者：最后，我想说，这个认识我自己，是做实验，实验者不会在自己身上动刀的，所以我想问这个认识我自己的办法可不可行，这个方法可不可以复制，就像做实验一样，拿回去用来认识我自己，但这不可能。

吕：每一个人都不一样，每一个人认识的自己也不一样，走自己的路。我觉得我刚才讲的有几点大家可以借鉴的，是关于本体论的一部分，存在和演化以及思维的紧绷与松弛，这几点我觉得大家都是可以用的。我觉得你这么年轻，像我岁数这么大了，我认识我自己，你现在可以认识世界，通过认识世界来认识自己，首先是认识外部世界。

提问者：好，谢谢。

吕：不客气。

(3) 提问者：吕老师，你觉得在你走过的道路里面，在那段蹉跎岁月，我想吕老师应该也会迷罔，因为在那段岁月，可能前途也是非常渺茫的，我想问吕老师，你在这段时间，是如何认识自我，超越自我的？

吕：在那段时间，我根本没有谈到认识我自己，在不同的年龄段，在不同的时机会有不同的想法。我在这次讲精华十讲以前，还没有认识我自己这一想法。在那段时间根本没有认识我自己这一说，当时是"文革"期间，"热火朝天"，"打着红旗反红旗"

之类的。我在东北长白山附近和山西中西部，一方面，当时我就觉得那里的风景不错，正好旅游；另外一个方面时间比较宽裕，当时我学过一段时间的小提琴，还学过手风琴，那时候还没有卡拉OK，当时还有山还有水库，到水库去游泳。我记得在山西的时候，当时混凝土灌浆从早上六点一直干到十二点结束，然后喝啤酒，喝完啤酒上山，看到一只雕腾空而起，这幅画面一直刻在我的脑海里。所以当时根本不考虑什么认识我自己，不像你们这个时候先认识世界。

(4) 提问者：可能那个时候你们比较单纯，物质比较贫乏，而在现在这个物质比较丰富的年代，很多学哲学的比较浮躁，受外界环境的干扰，现在的就业环境也不是特别好，一些学生读到硕士博士，还很迷茫，我想在座的很多研究生可能也会遇到这种情况，所以我想在这种情况下如何认识一下我们自己？

吕：我想不见得因为现在生活条件好了，你们的思维和感悟能力比我当时更加差了，这是不可能的。我在东北还有很多很多可以说的事情，一年吃两次肉，你能够体会吗？某一次吃肉，然后拉肚子，这样的事情你们应该没有经历过。这两天我看电视里面还有这样的场景：有人在一条河里失踪了，然后人们手牵手排成横向的一列，拿着杆子慢慢向前探。在东北的时候有一年发大水把一个学生给冲走了，我们这些老师拉成一队下河寻找。那个时候虽然是八九月份，但在东北还是比较冷的，时间长了还是刺骨的冷。学生的家长就在岸上面给我们喝白酒，让我们体温可以提高一点。这些事情我们都干过，我们当时在生活上要苦得多，也或许就是因为苦太多，所以当时也没有什么感觉。

现在你们的生活条件都好了，感到迷茫，但是有一点信念就是“人类社会未来的发展，中国未来的发展会更好”。这个信念我觉得不会改变，而且它变得更好也是经过了我自己的努力，我是其中的一部分，我不是在旁边看着它变得更好，是因为我的参与使它变得更好。至于究竟怎么参与，我觉得你们现在学理工科的，要学一点社会科学，学一点人文，了解一些人生，以后对你一定是有价值的。我当初学过有机化学，还学过其他的一点东西，但我觉得哲学不管学什么东西都是有用的，这样我就在1978年考研究生的时候，考了自然辩证法。此外，音乐、旅游对人生的完善也非常有价值，我看张家界时候的那种感觉一辈子都印在脑海里，至于黄山就更不用说了。旅游和音乐有什么好处呢？就是不管怎样它都会善待你，你给他投入的越多，它回报你的也越多，你不理睬它，它也不会来伤害你，你越投入到自然界中，自然界会给你更多的东西，所以自然是一个老师。

(5) 提问者：吕老师，非常荣幸，我的生命里能有你的生命，我非常同意您说的人生有分岔才会有意义，才会不无聊，但是，我觉得人生的分岔有两种，一种是主动地去分岔，一种是被迫地去分岔，但无论是主动还是被动的，都是由于历史和环境的影响。即使是主动的，我想也是对历史和环境的认识所决定的。我想人在年轻的时候在分岔的时候，由于对历史和环境的认识不足也会有迷茫，所以我想问您，怎么才能使人生的分岔更加有意义？

吕：从这个角度来看，人生就是一系列的分岔，或者说人生就是一系列的选择，无论是主动的还是被动的，中国的古话说，人生不如意事十之八九，你不可能什么事都选择对。

究竟什么是"幸福"？一个是与自己比。自己的欲望是什么，最后得到了什么，这两者之差就是幸福。另一个是你和他人之比，比如你到火车站去排队，你排到了，你后面的队非常长，你觉得很幸福，如果等你排到了，后面没人了，你觉得太倒霉了。再一个，你所选择的事情是不是你本身内心想选择的事情，如果是一致的，这就是幸福。

从这个角度来看，我觉得我比较幸福，我从事科学技术哲学，正好就适合做科学技术哲学，而且我能够从科学技术哲学出发来研究中国的社会、中国的改革、中国下一步会怎么走。我想我下一步还能对中国有比较深的了解，对人生有比较多的了解，所以如果从事的工作就是自己想做的事情，那不就是幸福吗？因此选择最终应该是这样的两个。在当代中国还要加上第三个，那就是祖国选不选你，这个三个方面的结合才是一个比较完美的结合。如果只考虑自己，不考虑国家，那也不行；如果只考虑国家，不考虑自己，我觉得也不会幸福。所以内心的、你正在做的、国家希望的，这些东西能够结合起来，我觉得在中国这就是幸福。今后，我们在座的各位还要面临很多选择，当面对多个选择时，不妨这么考虑，每一个选项权重是多大，你可以考虑在经济方面，在其他方面，把它列成很多的细项，每一个细项权重多少，把选择定量化，那当然是比较难的事，但是可以做做看，这也是一个办法。

提问者：我想说的是怎么突破这个局限性，我现在的认知高度没有那么高，不像您，您的高度比较高。

吕：我 1 米 82。（大笑）

提问者：我现在对社会认识得有限，不能站在比较高的角度来看我现在的选择，怎么突破这个局限使我现在的角度高一些呢？

吕：人生不可能走直线，人生就是一种折线，走一段，会觉得不太妥当。但一旦做出了选择，尽管这个选择不是你十分愿意的，如果你投入进去的话，你会改变了你原有的习惯，你会觉得这个是比较幸福的，同时你也能在这一段获得一些新的东西，你上升了一个阶段。不可能保证每次选择都能如你所愿,但你一旦选择了,你把它做好,一旦你把它做好了,它就会成为你人生中有价值的一段。我记得《林海雪原》里有这样一个情景:杨子荣从林海雪原上下来,去给少剑波送密信。他看到有一个树杈,把信放在上面就离开了。然后想起来,这条路刚才走过来是一条“断头路”,会引起别人怀疑,密信就会被人家发现。所以他又走了很多条路,把送密信的这一段放在他路程中,成为非常自然的一段,于是这件事就过去了。因此你的每一个分岔不是太糟糕的话,那么你都把它放在你的人生道路的一个必由之路,认为它是对你有价值的,那么你就能把这个一开始看着不是太舒服的道路做得更好,如果你做得更好,那么为什么一定要抱着一个拒绝、排斥,甚至痛苦的心情去做呢?人生就是折线,它不可能是一帆风顺的。

学生:谢谢老师。

(6) 提问者:我代表很多师弟师妹还有师姐师兄,给吕老师补充一下,就是这个“认识我自己”。以前下课的时候,我们就喜欢跟在吕老师的背后听他吹口哨,所以今天我希望他能够用他最喜欢的《黄昏鸟声》给大家更好地认识一下他自己。

吕:这个有点强人所难了吧?

提问者:这样我们可以帮您找音乐呀!

吕:这个《黄昏鸟声》它应该就是描写黄昏的时候,鸟在林子里面吹口哨,这个旋律是……

希望今后还能和各位在人生道路上相遇,谢谢大家。

后　记

以“演讲录”的形式出书，对我还是第一次。是耶非耶，敬请各位指正。

感谢东南大学文学院哲学与科学系田海平老师和王兵老师的精心组织安排和鼎力相助，感谢东南大学出版社的支持，感谢张丽萍老师等的细致工作，感谢录音整理的潘锡杨、耿飒膺、顾益、王发友、沈继瑞和张浩等同学，没有他们的细心和辛劳，就不会有呈现在读者面前的这本书。感谢十次讲座的所有听众，没有他们的参与和对交流的期待，我就不会有讲座的动力，更要特别感谢徐益谦教授和各位提问者，正是有了现场的提问，我才会有机会对内容的进一步阐发、扩展和深化。交流，使得所涉及的话题乃至全书更为活跃和多样。

吕乃基